L'incroyable aventure de la Terre

Dans la même collection

L'histoire secrète des fleurs, François Parcy, 2019.
Pourquoi la Terre est ronde, Alain Riazuelo, 2019.
Pourquoi le Soleil brille, Roland Lehoucq, 2020.
Comment pensent les animaux, Loïc Bollache, 2020.
La folle histoire des virus, Tania Louis, 2020.
L'âge de l'Univers, Marc Lachièze-Rey, 2021.
Pourquoi $E=mc^2$, Alain Riazuelo, 2022.
La folie dans tous ses états, Jacques Antoine Malarewicz, 2022.
Quand les animaux font la guerre, Loïc Bollache, 2023.

Alain Riazuelo

L'incroyable aventure de la Terre

humenSciences

COMMENT
A-T-ON SU

Collection dirigée par
Étienne Klein

Prolongez l'expérience avec la newsletter de Cogito
sur www.humensciences.com

ISBN : 978-2-3793-1610-4

Dépôt légal : mars 2023

170 bis, boulevard du Montparnasse, 75014 Paris
Tél. : 01 55 42 84 00
www.humensciences.com

INTRODUCTION

«L'Astronomie, par la dignité de son objet et par la perfection de ses théories, est le plus beau monument de l'esprit humain, le titre le plus noble de son intelligence. Séduit par les illusions des sens et de l'amour-propre, l'homme s'est regardé longtemps comme le centre du mouvement des astres, et son vain orgueil a été puni par les frayeurs qu'ils lui ont inspirées. Enfin, plusieurs siècles de travaux ont fait tomber le voile qui cachait à ses yeux le système du monde. Alors il s'est vu sur une planète presque imperceptible dans le système solaire, dont la vaste étendue n'est elle-même qu'un point insensible dans l'immensité de l'espace. Les résultats sublimes auxquels cette découverte l'a conduit sont bien propres à le consoler du rang qu'elle assigne à la Terre, en lui montrant sa propre grandeur dans l'extrême petitesse de la base qui lui a servi pour mesurer les cieux.»

PIERRE-SIMON LAPLACE,
Exposition du système du monde,
6e édition, 1835

L'histoire de notre planète est comme une série Netflix, elle comprend de très nombreux épisodes. Si Dame Nature en est l'unique scénariste, les réalisateurs des épisodes – comprendre ici les scientifiques qui ont apporté l'éclairage décisif de tel ou tel pan de l'histoire de notre planète – changent presque à chaque fois. Un objet aussi complexe que la Terre, formée dans un environnement aussi riche que le Système solaire, ne saurait avoir été compris par une seule personne. Au contraire, la connaissance de son histoire est une aventure fondamentalement collective et non le fait d'un seul découvreur.

Une aventure qui par ailleurs est loin d'être terminée. Aussi, si certains épisodes sont parfaitement maîtrisés, d'autres le sont beaucoup moins. Pire, certains semblent bien établis alors qu'en réalité ils ne le sont pas. Que mes lecteurs me pardonnent, le terrain sur lequel je vais évoluer est mouvant, incertain, et peut-être que dans dix ou vingt ans certains passages de ce livre seront à réécrire entièrement. Ainsi va la science, où les certitudes se forgent progressivement et où un mélange très humain de vanité et de naïveté nous pousse parfois à croire que le paradigme du moment est plus solide qu'il ne l'est vraiment. C'est là un des avatars de la marche de la science qui veut que, parfois, un résultat apparemment solide finisse par être mis à mal par de nouvelles observations ou de nouveaux arguments. Cela arrive rarement, bien sûr, mais on ne peut l'exclure. Aussi, en rédigeant ce livre, j'espère avoir eu la sagesse et la lucidité suffisantes pour ne pas être plus affirmatif que de raison.

CHAPITRE 1

SI PROCHES ET SI DIFFÉRENTES

Planter le décor

Où donc se trouve la Terre ? Au centre du monde ou dans un anonyme et banal coin de l'Univers ? En Occident, penseurs, religieux et philosophes ont longtemps préféré la première réponse, celle d'un Univers restreint, clos, dans lequel la Terre occupait la place centrale. Perspective rassurante, cette hypothèse d'un cocon cosmique fait rien que pour nous autres humains a longtemps perduré, à la fois pour des raisons narcissiques – quoi de plus rassurant et gratifiant que de penser que nous sommes au centre du monde ? – et pour des raisons de perspective : où que nous soyons, nous serons toujours situés au centre de quelque chose, la région où se porte notre regard.

De notre point de vue terrien, la Lune, les étoiles et le Soleil semblent tourner autour de nous. La nuit, l'observation de la voûte étoilée nous indique l'existence d'un mouvement global de rotation de celle-ci autour de notre Terre... à moins que ce ne soit la Terre qui tourne sur elle-même. La première impression est la plus naturelle : nous ne « sentons » pas la Terre tourner, nous avons *réellement* l'impression qu'elle est immobile. Mais la science est l'art de remettre en cause notre impression première. Qu'est-ce qui est le plus naturel en vérité ? Que seule notre planète tourne sur elle-même en vingt-quatre heures, ou que ce soit tout l'Univers, aussi vaste qu'il puisse être, qui fasse de même ?

Remettre en cause l'immobilité de la Terre par des méthodes purement expérimentales n'est pas chose facile. Mais l'appel au bon sens peut y aider beaucoup. Qu'on en juge : la Terre a une circonférence d'environ 40 000 kilomètres, un chiffre connu depuis l'Antiquité*. Cela signifie qu'une personne située à l'équateur effectuerait chaque jour un trajet de 40 000 kilomètres si la Terre tournait sur elle-même en vingt-quatre heures, ce qui correspond à une vitesse de presque 1 700 kilomètres par heure.

Est-il possible que nous voyagions sans nous en rendre compte à une telle vitesse, se demandaient des

---

* Voir RIAZUELO A., *Pourquoi la Terre est ronde*, chap. 1, Paris, humenSciences, 2019.

penseurs comme Aristote au IVe siècle avant notre ère. Impossible, disaient-ils, en avançant des arguments inexacts, comme le fait que si l'on lançait une flèche en l'air, celle-ci ne retomberait jamais à l'endroit où elle avait été lancée au motif que la Terre, ayant tourné entre-temps, se serait dérobée sous la flèche. L'argument était faux, comme le démontre plus tard Galilée (1564-1642) et, peu avant lui, Giordano Bruno (1548-1600) à la fin du XVIe siècle. Mais un autre raisonnement permet de voir que l'immobilité de la Terre ne fait que déplacer et surtout accentuer le problème des vitesses en jeu. La vitesse de la Terre à l'équateur de 1 700 kilomètres par heure vous paraît-elle trop importante pour être plausible ? Ce serait bien pire dans l'autre cas. La distance qui sépare la Terre de la Lune est de 400 000 kilomètres. Dès l'Antiquité grecque, Aristarque de Samos (env. –310 à –230) avait démontré que le Soleil était au moins vingt fois plus loin encore, soit distant de huit millions de kilomètres, un chiffre qui s'avérerait très sous-estimé, mais gardons-le pour l'instant. Quant aux autres planètes, certaines étaient situées bien plus loin. Au IIe siècle de notre ère, Claude Ptolémée (env. 100-168) estimait que Saturne, la plus distante connue, était au moins dix fois plus éloignée que le Soleil. Et au-delà ? Il y avait les étoiles, que ce même Ptolémée plaçait deux fois plus loin que Saturne. Dire que ce n'est pas la Terre et ses 6 370 kilomètres de rayon qui tourne sur elle-même en vingt-quatre heures mais tout l'Univers, dont le rayon serait, avec les chiffres donnés ci-dessus, de peut-être 150 millions de kilomètres, c'est affirmer implicitement que ce petit monde parcourrait une circonférence d'environ un milliard de kilomètres en vingt-quatre heures, soit à une vitesse de plus de 10 000 kilomètres par seconde ! Dès la première moitié du XVIe siècle, un tel calcul avait été réalisé par l'Italien Celio Calcagnini (1479-1541), qui en concluait, chiffres à l'appui, que l'hypothèse défendue avec véhémence par l'Église d'une Terre immobile impliquait l'existence d'une « vitesse inénarrable » des cieux et était assurément une des idées les plus absurdes jamais inventées par les philosophes.

Exit donc l'hypothèse d'une Terre strictement immobile, celle-ci doit forcément tourner sur elle-même en vingt-quatre heures, ce qui nous donne l'impression que c'est la voûte étoilée qui tourne au même rythme. Reste qu'il n'y a pas que les étoiles qui se déplacent. Il y a aussi la Lune, le Soleil et les cinq planètes connues dès l'Antiquité, à savoir Mercure, Vénus, Mars, Jupiter et Saturne. Les deux premiers ont un mouvement assez simple. Par rapport à la voûte étoilée, ils se déplacent vers la gauche quand on les regarde depuis l'hémisphère Nord, lentement pour le Soleil, plus rapidement pour la Lune, et à un rythme plutôt régulier. Si l'on prend comme point de repère les étoiles, la Lune accomplit un tour autour de la Terre en vingt-sept jours et huit heures, et le Soleil en une année. En première approximation, les deux semblent animés d'un mouvement circulaire autour de la Terre, parcouru à vitesse à peu près constante. Pour les planètes, c'est plus compliqué. Mercure et Vénus semblent accompagner le Soleil, mais accélèrent ou ralentissent par rapport à lui, se trouvant tantôt en avance, tantôt en retard sur sa course. Mars, Jupiter et Saturne paraissent moins liées au Soleil, mais elles aussi ont un mouvement irrégulier, tantôt accélérant, tantôt ralentissant, au point parfois de se déplacer vers la droite et non vers la gauche par rapport aux étoiles. Les astronomes grecs, qui n'aimaient rien de plus que la géométrie et la pureté des cercles et autres sphères, avaient imaginé que les mouvements étaient la composition de plusieurs mouvements circulaires parcourus à des rythmes différents, un peu comme un jeu de mandala.

Ils n'avaient pas tort sur le principe, mais se trompaient sur l'interprétation de l'idée. C'est en fait le Soleil qui est au centre du jeu et les planètes tournent autour de lui, chacune dans un mouvement à peu près circulaire. Cette interprétation avait occasionnellement été proposée dans l'Antiquité grecque mais s'était heurtée au prestige et à l'influence d'Aristote qui, malgré des arguments erronés, avait su convaincre ses contemporains et bien des générations futures que la Terre était immobile au centre de l'Univers. Ce n'est que dix-huit siècles après Aristote que Nicolas Copernic (1473-1543) propose l'hypothèse d'un monde héliocentrique, c'est-à-dire centré sur le Soleil, mais un tel bouleversement met encore plusieurs siècles à être accepté, en raison de la doctrine de l'Église qui avait repris à son compte la vision aristotélicienne. Pour avoir donné des arguments pourtant très convaincants mais, hélas pour lui, pas décisifs en faveur de l'hypothèse héliocentrique, Galilée est condamné au silence par l'Église catholique, rejointe dans sa condamnation par le monde protestant qui perçoit les vues du savant italien avec une hostilité comparable.

En plus de ses arguments, Galilée a légué à ses contemporains un outil d'observation, la lunette astronomique. Sans doute inventée par des verriers néerlandais un ou deux ans plus tôt, elle a été perfectionnée par le génial astronome qui est le premier à s'en servir pour observer le ciel. C'est ainsi que Galilée a pu comprendre qu'il était bien plus complexe que ce que nos seuls yeux donnent à voir. Désormais, une étude approfondie et rationnelle du ciel devient possible. Tout ne tourne pas autour de la Terre, a découvert Galilée en quelques nuits d'observation, car Jupiter possède elle aussi quatre lunes (au moins) : Io, Europe, Ganymède et Callisto. Une petite cinquantaine d'années plus tard, Saturne se pare elle aussi d'un satellite, Titan, découvert par Christiaan Huygens (1629-1695) en 1655. Par ailleurs, l'amélioration des moyens d'observation permet d'accomplir le défi que s'était posé Aristarque de Samos en voulant mesurer la distance de la Terre au Soleil. En se fondant sur les travaux de Johannes Kepler (1571-1630), les astronomes, peu soucieux des opinions de l'Église, ont trouvé une méthode pour déterminer les distances relatives entre les astres. Mercure est située 60 % plus près du Soleil que la Terre, ont-ils compris, alors que Saturne est dix fois plus éloignée que la Terre. En somme, ils disposent d'une maquette du Système solaire, mais n'en connaissent pas l'échelle. Pour cela, la mesure d'une seule distance suffit, et la première établie est celle entre la Terre et Mars, mesurée par les Français Jean-Dominique Cassini (1625-1712) et Jean Richer (1630-1696) en 1672. Déterminant au même moment la position de Mars par rapport aux étoiles lors de son opposition – le moment de leur orbite où les deux planètes sont les plus proches –, ils constatent que cette position n'est pas la même depuis deux lieux d'observation très distants, à savoir l'Observatoire de Paris pour Cassini et Cayenne, en Guyane française, pour Richer, ce qui par effet de perspective leur permet de déterminer la distance de Mars. Ils en déduisent la distance Terre-Soleil, alors estimée à 135 millions de kilomètres (en réalité 150 millions), et étendent considérablement l'échelle de distance qui prévaut depuis Aristarque car la limite inférieure de huit millions de kilomètres pour la distance Terre-Soleil s'est peu à peu transformée en la valeur de cette même distance, ou en tout cas un bon ordre de grandeur de celle-ci. Désormais, Saturne, dix fois plus éloignée du Soleil que la Terre, se trouve à un milliard et demi de kilomètres. Et au-delà, on ne sait pas.

La cohérence du ciel se renforce en 1687 avec la publication des lois de la gravitation universelle par Isaac Newton (1643-1727). Celui-ci, en expliquant que les objets s'attirent les uns les autres proportionnellement à leur masse, met fin au débat entre géocentrisme et héliocentrisme. Dans l'Univers, ce sont les plus petits (ou, pour être plus précis, les moins massifs) qui tournent autour des plus gros. Le Soleil étant indiscutablement plus gros et sans doute bien plus massif que la Terre, c'est bien lui qui est au centre du jeu. En fait, la théorie de Newton explique tous les mouvements observés : celui des planètes autour du Soleil, mais aussi celui des satellites autour des planètes. Newton explique notamment les lois empiriques trouvées par Kepler pour décrire les mouvements des astres, à savoir le fait qu'ils se font dans un plan, que les orbites sont des ellipses – c'est-à-dire des cercles plus ou moins aplatis –, que ces ellipses sont parcourues à des vitesses variables – plus la planète est proche du Soleil, plus elle se déplace vite –, et enfin qu'il existe une loi reliant la taille de l'orbite et le temps mis pour la parcourir. Il ne fait dès lors plus de doute que c'est bien le Soleil qui est immobile au centre avec les planètes qui tournent autour de lui, mais la preuve directe du mouvement de la Terre se fait encore attendre. Elle vient en 1729 avec les observations de l'astronome anglais James Bradley (1693-1762). Celui-ci comprend qu'à l'image de la pluie, dont la direction apparente de chute dépend de la vitesse de la voiture dans laquelle on se trouve *, la

* À l'époque de Bradley, il n'y avait bien sûr pas de voiture, mais le phénomène se produit à l'identique avec le vent, dont la direction apparente change quand un voilier modifie son cap ou sa vitesse.

lumière des étoiles doit légèrement modifier sa direction au cours de l'année puisque la Terre change de direction dans sa course autour du Soleil. Ce phénomène surprend Bradley lui-même quand il l'envisage avant de l'observer, au point qu'il le qualifie d'« aberrant »... et qu'il le baptise « aberration de la lumière » quand il finit par l'observer. Aussi aberrante qu'elle soit, cette observation invalide définitivement le principe d'une Terre immobile, qui n'est désormais qu'un fantasme archaïque contredit par les faits. L'Église n'a plus le choix, elle lève l'interdiction faite aux ouvrages de Galilée, mais de mauvaise grâce puisqu'elle impose que le mouvement de la Terre y soit qualifié de « supposé »... alors qu'il vient d'être établi de façon indiscutable ! Pour le monde scientifique, ce revirement est bien trop tardif. C'est un non-événement, tant les arguments en faveur du géocentrisme sont intenables depuis belle lurette.

En 1781, le ciel s'étend considérablement avec la découverte d'Uranus par l'astronome anglais William Herschel (1738-1822). Presque deux fois plus éloignée que Saturne, cette nouvelle planète orbite à environ trois milliards de kilomètres du Soleil. Herschel est loin d'être le premier à avoir observé Uranus. Située à la limite de la visibilité à l'œil nu, la planète a sans doute été vue depuis la préhistoire par bien des curieux qui observaient le ciel. Mais personne jusqu'alors n'avait remarqué que ce minuscule point lumineux se déplaçait lentement. En astronomie, comme dans bien d'autres sciences, ce n'est pas toujours le premier à observer un phénomène qui gagne, c'est plutôt le premier à en comprendre l'intérêt. Très vite, Uranus se pare de plusieurs satellites, Titania et Obéron, découverts en 1787 par Herschel lui-même. Cela avait aussi été le cas de Saturne, autour de laquelle Titan n'était pas resté longtemps la seule lune : Japet et Rhéa avaient été découvertes par Cassini en 1673, suivies de Téthys et Dioné par le même Cassini treize ans plus tard. La découverte d'Uranus offre une nouvelle occasion de tester la puissance prédictive des lois de la gravitation et, surprise, Uranus ne se déplace pas exactement comme prévu. Est-ce là une faille dans l'édifice bâti par Isaac Newton un siècle plus tôt ? Aucunement. Les astronomes savent déjà que les planètes influencent légèrement les mouvements des unes et des autres. Elles suivent toujours de très près la trajectoire qu'elles auraient si elles étaient seules autour du Soleil, mais en dévient légèrement du fait de la présence de leurs consœurs. En réalité, cet effet a déjà été pris en compte dans les années 1750 quand les astronomes ont prédit avec succès le retour de la comète de Halley, observée à de nombreuses reprises depuis l'Antiquité. La comète porte le nom de Edmund Halley (1656-1742), le premier à reconstituer la trajectoire d'une comète qu'il a observée en 1682 et dont il a compris que c'est probablement la même que celle observée en 1607 par Kepler et en 1531 par plusieurs astronomes. Prédire la date et la direction exactes où s'effectuera son prochain passage en 1759 a nécessité de prendre en compte l'influence de Jupiter sur sa trajectoire lors de son précédent passage. Ce qui vaut pour la comète de Halley vaut sans doute pour Uranus, mais aucune des planètes connues ne suffit à expliquer toutes les anomalies de son mouvement.

Deux astronomes, le Français Urbain Le Verrier (1811-1877) et l'Anglais John Couch Adams (1819-1892) envisagent alors quelles pourraient être les caractéristiques d'une nouvelle planète, inconnue car trop distante pour avoir été détectée, mais pouvant expliquer l'anomalie du mouvement d'Uranus. Il est indispensable de faire quelques hypothèses pour y parvenir. Les deux hommes imaginent, avec raison (et un peu de chance), que la planète inconnue est de masse comparable à Uranus et environ deux fois plus distante du Soleil qu'elle, ce qui est inexact mais sans grave conséquence. La méthode utilisée par Le Verrier est plus efficace et plus précise que celle d'Adams et il prédit la position de la planète avec une précision suffisante pour que son confrère Johann Gottfried Galle (1812-1910) de l'Observatoire de Berlin la trouve en moins d'une nuit d'observation. D'un bleu profond, la nouvelle planète est baptisée Neptune à l'initiative de Le Verrier, l'homme qui l'a découverte « du bout de sa plume », comme le résume François Arago (1786-1853), alors directeur de l'Observatoire de Paris. Il ne faut que dix-neuf jours pour parer Neptune d'un premier satellite, Triton, décelé par l'Anglais William Lassell (1799-1880). Ce même Lassell découvre dans les années qui suivent trois autres satellites : Hypérion autour de Saturne en 1848, puis Ariel et Umbriel autour d'Uranus trois ans plus tard.

Dans l'intervalle, le ciel s'enrichit d'une nouvelle catégorie d'objets. Dans la nuit du 1er janvier 1801, l'astronome italien Giuseppe Piazzi (1746-1826) inaugure le siècle en découvrant ce qu'il croit être une comète, située quelque part entre Mars et Jupiter. Mais l'étude de ses propriétés montre que son orbite est relativement circulaire, à l'inverse de celle des comètes, et qu'elle ne possède pas la queue si caractéristique de ces astres. Il en déduit qu'il vient de découvrir une nouvelle planète, qu'il baptise Cérès, en hommage à la déesse romaine protectrice de la Sicile dont il est originaire. Étonnamment, la nouvelle planète se trouve rapidement une compagne : observée six semaines d'affilée par Piazzi, Cérès finit par passer derrière le Soleil et devient un temps invisible. Mais la durée d'observation est suffisante pour que le mathématicien allemand Carl Friedrich Gauss (1777-1855) puisse prédire, à l'aide de techniques développées à l'occasion, où la retrouver quelques mois plus tard. Et c'est précisément en cherchant à retrouver Cérès que l'astronome allemand Heinrich Olbers (1758-1840) découvre fortuitement en 1802 un autre objet proche de la direction où doit se trouver Cérès. Une autre planète peut-être ? Elle est baptisée Pallas. Suivie en 1804 de Junon, découverte par Karl Ludwig Harding (1765-1834). Puis Vesta, à nouveau découverte par Olbers, en 1807.

En quatre ans, le Système solaire se dote de quatre nouvelles planètes ! Mais des planètes bien curieuses, en vérité. Toutes situées entre Mars et Jupiter, elles auraient dû être aisément visibles à l'œil nu, or ça n'est pas le cas : seule Vesta l'est, mais de façon exceptionnelle et à la limite de la visibilité. De plus, leur distance au Soleil est très semblable, de l'ordre de 400 millions de kilomètres, là où de vastes distances séparent les orbites des planètes. Enfin, elles ne sont pas du tout situées dans le même plan et ne passent guère de temps dans la région du ciel (appelée l'écliptique) où circulent d'ordinaire les planètes. Tout cela amène les astronomes, Herschel en tête, à suggérer que ce ne sont pas quatre nouvelles planètes qui ont été découvertes – ce qui en 1807 fait monter le total à onze, en comptant les sept connues à l'époque –, mais quatre représentantes d'une nouvelle catégorie d'objets qu'il propose d'appeler « astéroïdes ».

La proposition est d'abord reçue avec réticence. Après tout, pourquoi n'y aurait-il pas quatre planètes, fussent-elles petites, dans un faible intervalle de distance au Soleil ? Mais les décennies 1840 et 1850 changent la donne, cette fois définitivement. En 1845 est découvert un cinquième astéroïde – ou une douzième planète ? – baptisé Astrée. Puis vient le tour de Hébé, Iris et Flore en 1847. Et Métis en 1848, ainsi que Hygie l'année d'après. En 1850, trois nouveaux objets sont découverts : Parthénope, Victoria et Égérie. Puis deux l'année d'après (Irène et Eunomie) et pas moins de huit en 1852, avec Psyché, Thétis, Melpomène, Fortune, Massalia, Lutèce, Calliope et Thalie. En moins d'une décennie, le nombre d'objets situés entre Mars et Jupiter passe de quatre à vingt-trois, un chiffre qui croît ensuite à une vitesse vertigineuse. Le centième de la liste est découvert dès 1868, puis le deux centième en 1879. Moins d'un quart de siècle plus tard, on passe à 500 (en 1903) et à 1 000 vingt ans plus tard. Il y a définitivement autre chose que des planètes entre Mars et Jupiter.

L'étude des planètes, l'estimation de leur taille (puisque l'on voit leur disque) et la dynamique de leurs satellites permettent de déterminer leur masse. Le Système solaire possède quatre petites planètes, qualifiées de « rocheuses » ou « telluriques », qui sont aussi les plus proches du Soleil : Mercure, Vénus, la Terre et Mars. Les quatre autres, Jupiter, Saturne, Uranus et Neptune, qualifiées de géantes gazeuses, sont bien plus éloignées. Toutes possèdent des satellites – seize en cumulé – alors que, parmi les planètes de plus petite taille, une seule est dotée d'un satellite (unique) : la Terre. La singularité terrienne dure jusqu'en 1877, date où l'astronome américain Asaph Hall (1829-1907) découvre coup sur coup deux minuscules satellites autour de Mars : Déimos le 12 août et Phobos, six jours plus tard. Ce sont, de loin, les plus petits satellites connus, près de quinze fois plus petits en taille qu'Hypérion.

La technologie devient décisive

Jusqu'à ce moment-là, personne ne sait rien de tous ces satellites. Trop petits et trop lointains, ils apparaissent comme des points qui ne révèlent rien de leurs mystères. À l'exception, bien sûr, de la Lune, que les astronomes observent et cartographient sous toutes les coutures depuis Galilée. Enfin, pas tout à fait sous toutes les coutures car si la Lune tourne autour de la Terre, elle tourne aussi sur elle-même et ce au même rythme, de sorte que nous en voyons toujours la même face.

Par quel procédé ces deux mouvements, rotation et révolution, sont-ils aussi parfaitement synchronisés ? Mystère ! Mais un élément inattendu vient s'immiscer dans la discussion au moment de la découverte de Japet par Cassini en 1673. Ce satellite de Saturne, assez distant de cette dernière, n'est en effet visible que la moitié du temps, à savoir aux moments où, vu de la Terre, il est situé du côté droit de la planète. C'est Cassini lui-même qui se charge d'interpréter le phénomène. Peut-être que Japet a, comme la Lune, synchronisé ses périodes de rotation et de révolution. Si pour une raison ou pour une autre sa surface est d'éclat variable, alors celle-ci sera plus ou moins visible en fonction de son orientation par rapport à la Terre ou, de façon équivalente, de sa position par rapport à Saturne. Le fait qu'il ne soit visible que la moitié du temps signifie dans ce contexte que Japet possède une face bien plus brillante que l'autre. Même si l'origine de ce contraste entre deux hémisphères ne sera pas connue avant des siècles, Cassini inaugure sans le savoir un élément décisif en astronomie : l'observation directe à elle seule, et même à l'aide d'un instrument, est loin de donner toutes les informations concernant les objets étudiés. D'autres techniques – ici l'étude des variations d'éclat, qui sera par la suite appelée la photométrie – sont au moins aussi précieuses, surtout quand on a affaire à des objets petits ou lointains.

La fin du XIXe siècle voit se développer de grands progrès dans le domaine observationnel. Il y a bien sûr la photographie, qui lentement s'impose dans le monde de l'astronomie. Elle pallie la principale limitation de nos yeux : l'image qu'ils forment dans notre cerveau correspond à la lumière recueillie par notre rétine pendant un dixième de seconde. Un objet qui envoie trop peu de lumière dans ce court laps de temps est voué à demeurer invisible, une limitation qui existe aussi quand nos yeux sont suppléés par un instrument, que ce soit une lunette astronomique ou un télescope. Certes ils aident nos yeux à recueillir plus de lumière, mais toujours pendant un dixième de seconde. Avec des temps de pose arbitrairement longs, la photographie permet de voir des objets bien plus discrets. Pour ce qui est de l'étude du Système solaire, la bascule s'effectue dans la décennie 1890.

En 1892, l'Américain Edward Emerson Barnard (1857-1923) est le dernier à découvrir un satellite par l'observation visuelle. Il s'agit d'Amalthée, le premier satellite de Jupiter repéré depuis Galilée. Bien plus petit que ses quatre compères découverts au début du XVIIe siècle, il est en prime bien plus près de sa planète, ce qui avait compliqué d'autant son observation. Six ans plus tard, c'est sur des clichés photographiques qu'est découvert Phœbé, un satellite cette fois très distant de Saturne. Celui-ci sera par la suite observé sans l'aide de clichés, mais une fois sa position connue. Pour la découverte, l'imagerie était désormais indispensable.

Plus encore que la photographie, c'est la spectroscopie qui fait entrer l'astronomie dans une autre dimension. Jusqu'ici, il s'agissait d'une science purement observationnelle. On cartographiait, classifiait, nommait les astres. Mais les discussions sur leur nature réelle, sur les processus physiques à l'œuvre étaient rares. « En ce qui touche les étoiles, nous ne saurons jamais étudier par aucun moyen leur composition chimique ou leur structure minéralogique, et, à plus forte raison, la nature des corps organisés qui vivent à leur surface », affirme ainsi, quelque peu présomptueusement, le philosophe français Auguste Comte (1798-1857) en 1835 dans son *Cours de philosophie positive*. Pour lui, les étoiles sont trop éloignées pour qu'on puisse espérer en rapporter des échantillons et il est donc impossible de savoir quoi que ce soit d'elles, énonce-t-il dans un raisonnement aussi simple qu'implacable, semble-t-il. Mais seulement en apparence. En 1814, le physicien allemand Joseph von Fraunhofer (1787-1826) découvre les lacunes dans la lumière du Soleil. Celle-ci peut être décomposée en ses couleurs élémentaires – c'est ce que fait l'arc-en-ciel de façon naturelle ou que peut réaliser un instrument dédié, bien plus précis – et des défauts existent quand on analyse cette lumière couleur par couleur. Au départ, ces lacunes ne sont qu'une curiosité parmi bien d'autres. Mais, en 1859, les Allemands Gustav Kirchhoff (1824-1887) et Robert Bunsen (1811-1899) remarquent que certaines substances bien terrestres sont elles aussi susceptibles d'absorber ou réémettre ces mêmes couleurs quand elles sont chauffées.

Même si le mécanisme n'est pas compris à l'époque, le fait est que l'on peut identifier ces substances par ce biais, que ce soit en laboratoire ou bien dans le Soleil ou n'importe quel autre objet : la décomposition de la lumière que celui-ci émet – son spectre, dans le langage des physiciens – offre ni plus ni moins la possibilité de déterminer de quoi il est constitué. On détecte ainsi dans le Soleil la présence de fer, de calcium, d'oxygène ou de sodium. Et ce qui est vrai pour le Soleil peut l'être aussi pour tous les astres, pourvu qu'ils soient suffisamment lumineux. Et s'ils ne le sont pas, la photographie, avec des temps de pose suffisamment longs, permet de connaître le spectre des astres, quels qu'ils soient, et d'espérer se faire une idée de leur composition de surface. C'est ainsi, par exemple, que les astronomes vont détecter ou confirmer la présence d'une atmosphère autour de la plupart des planètes, dont ils vont identifier divers composants. En 1931, l'Américain d'origine allemande Rupert Wildt (1905-1976) détecte la présence d'ammoniac et de méthane sur Jupiter et les autres planètes géantes.

Le fait que ces planètes contiennent d'importantes quantités de gaz était déjà établi : la connaissance de leur rayon (déduit de l'observation de leur taille) et de leur masse (déduite grâce au ballet de leurs satellites) permettait de savoir que ces planètes étaient dotées d'une faible densité, bien inférieure à celle des roches. Elles devaient donc majoritairement être composées de gaz, que seule la spectroscopie permettrait de déterminer. L'année suivante, Walter Adams (1876-1956) et Theodore Dunham Jr (1897-1984) détectent la présence de dioxyde de carbone (ou CO_2) dans l'atmosphère de Vénus. Là encore, le fait que Vénus possède une atmosphère était connu de longue date : l'absence de reliefs distinguables sur le disque de la planète ainsi que son aspect très brillant avaient mené les astronomes à la conclusion qu'une épaisse couche de nuages recouvrait en permanence la planète. Avec la spectroscopie, il est clair que le dioxyde de carbone est le principal composant de l'atmosphère, dont Wildt prédit rapidement que son abondance est telle qu'il produit un effet de serre considérable et réchauffe la surface de la planète d'au moins 400 °C – un chiffre qui s'avérera même en dessous de la réalité. Quant aux nuages, impossible de deviner leur composition, si ce n'est que leur couleur jaunâtre et la spectroscopie semblent indiquer qu'ils ne sont pas composés d'eau. La spectroscopie ne donne pas (encore) toutes les réponses, mais assure que les atmosphères de la Terre et Vénus n'ont guère de points communs.

En 1947, le même CO_2 est détecté dans l'atmosphère de Mars par le Néerlandais Gerard Kuiper (1905-1973). La présence d'une atmosphère martienne n'est, à nouveau, pas une surprise car cela fait des décennies que l'on observe des changements dans l'aspect de la planète. Des nuages blancs ont été repérés, tout comme l'existence de tempêtes globales, cachant à l'occasion tout détail de la surface. De plus, des calottes polaires blanches, de taille variable au cours des saisons martiennes, ont été observées. Bref, sur Mars, il y a des nuages et du vent, donc une atmosphère, dont le principal composant est, à nouveau, le CO_2. En revanche, les calottes polaires sont majoritairement composées de glace d'eau. Bien plus surprenante a été, en 1944, la découverte par le même Kuiper d'une atmosphère autour de Titan, satellite de Saturne, pour lequel l'existence d'une atmosphère dense n'avait absolument pas été anticipée.

C'est bien sûr avec la conquête spatiale que la connaissance du Système solaire change de dimension. En octobre 1957, l'Union Soviétique stupéfie le monde en lançant son premier satellite artificiel, *Spoutnik*. Il faut quelques mois aux Américains pour laver l'affront et lancer leur tout premier satellite à eux, *Explorer 1*, en 1958. Même si une des finalités de la course à l'espace est la mise au point de missiles balistiques équipés de charges nucléaires, *Explorer 1* est un satellite à vocation purement scientifique. Il est porté par James Van Allen (1914-2006) et a pour but d'étudier des rayons cosmiques, des particules hautement énergétiques en provenance de l'espace détectées pour la première fois par le physicien autrichien Victor Hess (1883-1964) en 1912. *Explorer 1* est un satellite des plus rudimentaires. D'une masse de seulement quatorze kilogrammes, ses capteurs enregistrent le flux de rayons cosmiques à différentes distances de la surface terrestre et révèlent que ceux-ci sont comme piégés par endroits. Il ne faut pas longtemps à Van Allen et quelques autres pour comprendre que cela est dû à l'environnement magnétique de la Terre, qui est plus complexe que ce qu'ils imaginaient.

Simple démonstrateur technologique sur le papier, *Explorer 1* fait d'un coup une découverte majeure. Ainsi va progresser la conquête spatiale, où chaque première réussite se transforme en coup de maître et révèle un monde nouveau. La sonde soviétique *Luna 2* est la première à s'écraser (volontairement) sur la Lune et à détecter que celle-ci ne possède pas de champ magnétique, contrairement à la Terre. Sa successeure *Luna 3* réussit sa mission de photographier la face cachée de la Lune, qui se montre bien différente de la face visible, observée à l'œil nu depuis la préhistoire. Cette dernière est constellée de vastes zones sombres, qualifiées de « mers » par les astronomes des temps jadis qui s'imaginaient de grandes étendues d'eau. L'observation à l'aide d'instruments invalide cette hypothèse mais révèle que les mers sont bien moins criblées de cratères que le reste de la surface lunaire. Quant à *Luna 3*, elle montre la quasi-absence de mers lunaires sur la face de notre satellite invisible depuis la Terre. Pour la première fois, on dispose de connaissances portant sur toute la surface d'un astre et, pour la première fois encore, celui-ci s'avère étonnamment contrasté, comme devait l'être Japet d'après les observations de Cassini.

Les temps sont mûrs pour partir à l'assaut de mondes plus lointains. Il y a d'abord *Pioneer 10*, lancée en direction de Jupiter le 3 mars 1972. D'une masse très faible (moins de 300 kilogrammes), elle a facilement pu être dotée d'une vitesse élevée, lui permettant d'atteindre Jupiter en seulement vingt et un mois, montrant au passage que la ceinture d'astéroïdes peut être traversée sans dommages. Une bonne nouvelle pour la Nasa qui, prudente, estime à ce moment-là à 10 % les risques de collisions avec une météorite de petite taille. La trajectoire d'approche de *Pioneer 10* est ajustée pour qu'elle passe assez près de Jupiter, ce qui lui permet d'accélérer au point d'acquérir une vitesse suffisante pour pouvoir quitter le Système solaire, bien des années plus tard. Eu égard aux incertitudes entourant une mission aussi complexe que *Pioneer 10*, la Nasa décide de construire une sonde jumelle, *Pioneer 11*, lancée un an après son alter ego, en avril 1973. Également dirigée vers Jupiter, qu'elle approche en décembre 1974, elle ajuste sa trajectoire pour être fortement déviée à la suite de sa rencontre avec la planète géante et se tourner vers Saturne, atteinte en septembre 1979. Il est temps d'envisager une mission bien plus ambitieuse, le programme *Voyager*. Son but serait de tenter de faire ce que les Américains appellent le « grand tour » du Système solaire : survoler successivement les quatre planètes géantes – Jupiter, Saturne, Uranus, Neptune –, le survol de l'une permettant à la sonde d'ajuster sa trajectoire sans dépense notable de carburant pour se lancer en direction de la suivante. C'est là une situation uniquement rendue possible par la configuration des planètes qui, du fait de leurs trajectoires parcourues à des vitesses différentes, ne se reproduirait pas avant un siècle et demi !

Comme pour le projet *Pioneer*, deux sondes jumelles sont construites et, cette fois, lancées presque simultanément : le 20 août 1977 pour *Voyager 2* et le 5 septembre de la même année pour *Voyager 1*. C'est cependant cette dernière, lancée sur une trajectoire plus tendue, qui la première atteint Jupiter (en mars 1979), puis Saturne (en novembre 1980), *Voyager 2* faisant de même en juillet 1979 et août 1981. Ce décalage est volontaire : il permet d'ajuster le programme d'observation de la seconde sonde en fonction des résultats obtenus par la première. D'une masse bien plus importante et dotées d'équipements scientifiques autrement plus performants que ceux des sondes *Pioneer*, ce sont ces deux sondes qui nous ont le plus apporté dans notre connaissance des planètes géantes. À l'approche de Saturne, il est décidé que *Voyager 1* concentrera ses observations sur Titan, son énigmatique satellite, le seul du Système solaire qui soit doté d'une atmosphère. Bien que *Pioneer 11* ait montré qu'il s'agit d'un satellite très froid à la surface duquel aucune activité biologique n'est envisageable, il s'agit néanmoins d'un objectif scientifique de premier ordre, une sorte de « Terre au congélateur » pour reprendre l'expression imagée des scientifiques de l'époque. Étant donné les propriétés attendues de Titan, le jeu en vaut la chandelle. Il faut cependant en payer le prix : renoncer à se diriger vers Uranus et Neptune. *Voyager 2*, quant à elle, poursuit sa feuille de route en étant redirigée vers Uranus, atteinte en janvier 1986, puis Neptune, rejointe à l'été 1989 – deux planètes qu'elle reste à ce jour la seule à avoir visitées.

La moisson de données recueillies par les sondes *Voyager* amène ensuite la Nasa à envisager des missions plus ambitieuses encore vers les planètes géantes, missions qui ne se résument pas à un survol rapide de celles-ci, mais à une approche à vitesse plus lente, permettant une mise en orbite et une étude détaillée des planètes pendant plusieurs années. C'est ainsi que naissent les missions *Galileo* en direction de Jupiter et *Cassini* vers Saturne, noms en hommage aux savants du XVIIe siècle qui avaient commencé à en déchiffrer quelques secrets. D'une masse de plus de cinq tonnes au décollage, ces engins sont difficiles à amener aussi loin dans le Système solaire. Aucune fusée disponible n'est assez puissante pour les expédier directement à leur destination finale. Elles sont donc envoyées sur une trajectoire complexe et effectuent plusieurs orbites croisant celles de Vénus ou de la Terre afin de profiter de leur attraction pour acquérir une impulsion supplémentaire et se diriger vers Jupiter, destination de *Galileo*, mais simple point de passage pour *Cassini* qui, à nouveau, doit profiter de son attraction pour poursuivre son voyage jusqu'à Saturne. Cette technique dite de fronde gravitationnelle est également utilisée par les rares missions destinées à Mercure. Cette fois, la difficulté est la très grande vitesse orbitale de la planète, qui voyage autour du Soleil à plus de quarante-sept kilomètres par seconde en moyenne. Difficile dans ce cas d'« attraper » un tel bolide. Plusieurs survols furent effectués par la sonde américaine *Messenger* durant la décennie 2010 pour, à chaque fois, modifier sa trajectoire, lui permettant de diminuer sa vitesse relative par rapport à Mercure tout en s'assurant de la croiser à nouveau quelques mois ou années plus tard.

En comparaison, envoyer un engin vers Vénus ou Mars est plus simple, plus rapide et plus économique. Ces deux planètes ont donc connu le plus grand nombre de missions spatiales. C'est d'abord Vénus qui a attiré le plus l'attention. Côté soviétique notamment, de nombreuses missions sont dirigées vers la plus brillante des planètes, sur laquelle plusieurs parviennent à se poser, quoique non sans mal. Conformément à ce qu'a prédit Rupert Wildt, la surface de Vénus est rendue tellement brûlante par l'intense effet de serre que les premières sondes se trouvent hors service avant même d'atteindre le sol ! C'est finalement ce qu'arrive à faire, par accident, une sonde encore en état de marche, *Venera 7*. C'est pourtant mal parti. Son parachute rend l'âme en premier, terrassé par la chaleur alors qu'elle se trouve encore à plusieurs kilomètres au-dessus de la surface. *Venera 7* poursuit sa descente en chute libre, mais la densité extrême de l'atmosphère vénusienne la freine suffisamment pour qu'elle heurte le sol à « seulement » soixante kilomètres par heure, si bien que sa robuste conception lui permet de résister au choc et d'émettre quelques minutes, le temps de confirmer explicitement l'infernale température qui règne à la surface de Vénus: plus de 450 °C. D'autres missions soviétiques se posent sur la planète brûlante mais sans pouvoir y œuvrer bien longtemps, tant les conditions de température et de pression sont insupportables. La plus dure à cuire (presque au sens propre) est *Venera 13* qui survit pendant deux heures et sept minutes une fois posée, envoyant pour la première fois des images en couleur de la surface.

Plus que toutes les autres planètes, c'est Mars cependant qui est l'objet du plus d'attentions. La raison en est que sa surface est la moins hostile de toutes les planètes, hormis la Terre. Elle est solide – des engins peuvent donc s'y poser –, entourée d'une atmosphère – ce qui facilite la procédure d'atterrissage – et les conditions de température (aux alentours de −50 °C) et de pression ne sont pas des plus extrêmes. En prime, elle est facilement accessible depuis la Terre, les fenêtres de tir favorables se produisant tous les deux ans, avec un temps de voyage de l'ordre de huit ou neuf mois à peine. Pourtant, longtemps Mars s'est dérobée aux tentatives humaines de percer ses secrets. On ne compte plus tous les ratés, spectaculaires ou ridicules, qui ont ruiné les espoirs placés en telle ou telle mission spatiale avant que, par la force du nombre et de l'expérience douloureusement acquise, la tendance ne s'inverse peu à peu et que les succès surpassent les échecs. Au moment où j'écris ces lignes, plus de dix missions spatiales sont opérationnelles autour ou sur Mars. La plus ancienne, *Mars Odyssey*, a soufflé ses vingt bougies l'an dernier !

Si longtemps les planètes ont été les seules cibles de l'exploration spatiale, les petits corps du Système solaire ont peu à peu suscité l'attention. D'abord le plus célèbre de tous, la comète de Halley qui reçut la visite de plusieurs engins, dont la sonde européenne *Giotto* lors de son retour près du Soleil en 1986. Puis ce fut le tour de divers astéroïdes, au titre de « cibles d'opportunité » de missions spatiales s'aventurant au-delà de Mars. Ainsi, Gaspra, en 1991, et Ida, deux ans plus tard, sont brièvement survolés par la sonde *Galileo* en route vers Jupiter. Peu à peu, les cibles d'opportunité se muent en cibles tout court, c'est-à-dire en l'objectif principal de missions dédiées. Ainsi la mission américaine *Dawn* se satellisa successivement autour des deux plus gros astéroïdes, Vesta en 2011, puis Cérès en 2015. Le Japon n'est pas en reste en s'intéressant à des astéroïdes plus petits mais plus facilement accessibles depuis la Terre, afin d'en ramener des échantillons. C'est le cas avec la mission *Hayabusa* qui rapporte d'infimes poussières de l'astéroïde Itokawa en 2010 et sa grande sœur *Hayabusa 2* qui fait de même (mais avec de plus grandes quantités) avec l'astéroïde Ryugu en 2020. Cinq ans plus tôt, c'est Pluton qui a fait les gros titres des journaux à la suite de son survol rapide mais riche d'enseignements par la sonde américaine *New Horizons*. La place manque pour détailler la moisson de résultats obtenus depuis le début de l'ère spatiale. J'en mentionnerai à l'occasion au gré des besoins de mon récit.

Archéologie céleste

Ce chapitre ressemble à une collection de faits. Des faits disparates, établis au gré des progrès technologiques ou observationnels, auxquels il n'est pas facile de donner une cohérence globale. Qu'est-ce qui, dans les caractéristiques des objets du Système solaire, résulte d'un simple hasard ou d'un processus sous-jacent ? Le fait que toutes les planètes telluriques ne possèdent pas une atmosphère est-il pertinent ? Et le fait que ces mêmes planètes soient peu souvent dotées de satellites ? Est-il « normal » que les planètes telluriques soient proches du Soleil alors que les planètes géantes en sont bien plus éloignées ? Qu'il y ait autant des premières que des secondes ? Qu'elles soient séparées par une myriade d'astéroïdes ? Et que ces géantes soient les seules à posséder des anneaux? Y a-t-il une raison pour que les satellites tournent presque toujours la même face vers leur planète d'attache? Et les masses des planètes ou les distances qui les séparent nous révèlent-elles quelque chose?

La liste de questions semble sans fin. Ce qui est certain, c'est que le Système solaire a une longue histoire, très longue même, plus longue en tout cas que ce que les scientifiques imaginaient au départ. Et qui dit histoire dit, possiblement, évolution. Malgré de nombreuses réticences, les scientifiques ont fini par accepter que le Système solaire change au cours du temps et son état actuel nous renseigne peut-être sur ses origines. Comprendre le Système solaire, et non pas seulement l'explorer, relève du travail d'un enquêteur, à moins que ce ne soit celui d'un archéologue. Ce n'est pas une situation à laquelle les astronomes sont habitués. Nous pouvons observer des étoiles ou des galaxies à différentes époques de leur histoire, ce qui permet de reconstituer – certes non sans mal – le fil de leur évolution. Mais cela ne fonctionne pas avec le Système solaire. Celui-ci a longtemps été unique et n'est observable qu'à une époque, unique elle aussi. Reconstituer le fil de son histoire est plus ardu. Il faut déduire le déroulé des événements à partir des indices que Dame Nature a bien voulu laisser, sans savoir quels sont ces indices ou à quel point ils sont précieux. Difficile *a priori* de deviner lesquelles des questions des paragraphes précédents sont les plus pertinentes et les plus porteuses de réponses riches d'enseignements.

En prime, pointe une petite inquiétude : celle que l'enquête soit vaine. Quel sens cela a-t-il en effet d'étudier un objet par essence unique ? Pendant longtemps, nous ne connaissions qu'un seul système solaire, nous ignorions même s'il en existait d'autres. Impossible donc de savoir à quel point son existence même résulte d'un phénomène générique ou est hautement improbable, voire unique. Impossible, dans le premier cas, de connaître les points communs ou différences qu'il aurait avec ses hypothétiques alter ego. Et la découverte de ceux-ci prendrait beaucoup de temps.

CHAPITRE 2

LA POSSIBILITÉ D'AUTRES PLANÈTES

« Il est donc d'innombrables soleils et un nombre infini de terres tournant autour de ces soleils, à l'instar des sept "terres" que nous voyons tourner autour du Soleil qui nous est proche. » C'est par ces mots prophétiques que le théologien et philosophe Giordano Bruno abordait à la fin du XVIe siècle la question de la place de la Terre dans l'Univers. Il connaissait les travaux de Nicolas Copernic qui, le premier, avait donné des arguments convaincants quant au fait que la Terre n'était pas le centre de l'Univers, et il s'était inspiré d'écrits d'autres philosophes, notamment Nicolas de Cues (1401-1464) sur la possible infinitude du monde. Mais dans son ouvrage *L'Infini, l'Univers et les Mondes* publié en 1584, Bruno va bien plus loin. Si la Terre n'est pas au centre de l'Univers, qu'est-ce qui justifierait qu'elle soit unique ? Car c'est précisément sa position privilégiée, défendue depuis

Aristote presque deux mille ans plus tôt et reprise par la chrétienté, qui conférait à notre planète un statut à part dans l'Univers.

Si sa position n'est pas privilégiée, la Terre n'a peut-être plus de raison d'être unique. Et avec les arguments de Nicolas Copernic, Giordano Bruno comprend qu'il n'y a plus de raison objective de considérer la Terre comme le centre de l'Univers. Les étoiles ? Personne ne connaît leur nature. Elles pourraient être des objets semblables au Soleil, ni plus ni moins intrinsèquement brillants que lui, mais immensément plus éloignés. Vertigineuse perspective, qui agrandit considérablement la conception de l'Univers qui prévalait jusque-là en Occident. Pire, si les étoiles ne semblent pas toutes du même éclat, peut-être est-ce parce qu'elles ne sont pas toutes à la même distance. Les vraies limites de l'Univers ne sont alors pas ce que l'on voit, car nous n'en percevons qu'une petite région. Et si nous ne voyons pas les limites de l'Univers, qu'est-ce qui prouve que celui-ci en possède réellement ? Le philosophe italien est le premier à envisager sérieusement l'hypothèse d'un Univers infini, une immensité sans limite dans laquelle nous sommes, par ricochet, ramenés à une forme d'insignifiance cosmique. Son raisonnement ne s'arrête pas là. Si les étoiles sont semblables au Soleil, pourquoi ne seraient-elles pas elles aussi entourées d'un cortège planétaire ? Et si notre cortège planétaire abrite la vie, pourquoi n'en serait-il pas de même ailleurs ? Dans le même ouvrage, un personnage pose la question : « Ainsi donc les autres mondes sont habités comme l'est le nôtre ? », à laquelle un autre, qui est en fait le porte-parole de Giordano Bruno, répond sans ambiguïté : « Sinon comme l'est le nôtre et sinon plus noblement. Du moins ces mondes n'en sont-ils pas moins habités ni moins nobles. Car il est impossible qu'un être rationnel suffisamment vigilant puisse imaginer que ces mondes innombrables, aussi magnifiques qu'est le nôtre ou encore plus magnifiques, soient dépourvus d'habitants semblables et même supérieurs. »

D'un point de vue théologique, les paroles de Giordano Bruno ne sont pas anodines. En d'autres termes, dit-il, Dieu n'aurait guère d'autre choix que de peupler les autres mondes de créatures s'il a pris le soin de le faire pour la Terre. Et dans ce cas, difficile de prétendre que nous pourrions avoir reçu une attention particulière de la part du Créateur, avec lequel toutes les religions prétendent systématiquement avoir un rapport privilégié. On s'en doute, ce genre de prise de position est reçu avec une grande hostilité par les milieux religieux, hostilité que Bruno ne fait rien pour apaiser, d'autant qu'il a eu en parallèle d'autres prises de position à rebours des dogmes de l'époque quant à certaines questions purement théologiques (il niait la virginité de Marie, mère de Jésus de Nazareth, par exemple). Huit ans après la parution de *L'Infini, l'Univers et les Mondes*, Bruno se fait rattraper par l'Inquisition romaine. Elle instruit contre lui un long procès qui dure des années, lors duquel la liste des charges retenues va s'allonger sans cesse, nourrie par des « aveux » extorqués sous la torture à d'autres hérétiques qui l'accusent de mille maux, espérant par ce biais gagner leur salut. Habile dans sa défense, Bruno ne veut pourtant rien concéder sur le fond. Il fait par exemple remarquer qu'un dieu infiniment puissant serait bien peu ambitieux s'il se contentait de créer une unique Terre et non une multitude. Mais la pluralité des mondes est un sujet trop sensible pour être accepté par un artifice rhétorique, aussi ingénieux soit-il.

Sommé de renier certaines de ses positions, le moine dominicain hésite et finalement refuse : « Je ne crains rien et je ne rétracte rien, il n'y a rien à rétracter et je ne sais pas ce que j'aurais à rétracter. » Son sort est scellé. Condamné à mort, il trouve encore la force de dire crânement à ses juges une phrase restée célèbre : « La sentence que vous prononcez vous fait peut-être plus peur qu'à moi-même.» Il est brûlé vif sur la place publique le 17 février 1600, non sans avoir parcouru la ville de Rome avec la langue clouée à une planche de bois, à la fois pour l'empêcher de s'exprimer et pour que soit publiquement perçue la principale raison de son exécution, celle d'avoir été un esprit trop libre pour le carcan religieux de son époque. Il existe un débat chez les spécialistes pour savoir à quel point les idées cosmogoniques de Giordano Bruno ont joué un rôle important dans sa condamnation. Ses seules prises de position théologiques auraient largement pu suffire à ce qu'il subisse le même sort. Mais sans doute les deux étaient intimement liées : un esprit libre sera d'autant plus enclin à critiquer le dogme en vigueur, et donc l'autorité en place, et c'est certainement de cela dont l'Église, en perte de vitesse tout au long du XVIe siècle, avait le «plus peur».

Car, comme pour Galilée, qui sera condamné quelques décennies plus tard dans des circonstances assez comparables, c'est une double lutte avec les autorités religieuses qui se joue : la quête de ce qui est vrai, et l'autorité qui en résulte pour celui qui possède et éventuellement impose ce savoir. S'opposer à la prise de position dogmatique d'une autorité, quelle qu'elle soit, c'est indirectement prendre le risque de saper cette autorité et, dans ce genre de situation, les règles du jeu ne sont pas les mêmes pour tout le monde : quand l'Église condamne Galilée pour ses prises de position quant au fait que c'est probablement la Terre qui tourne autour du Soleil et non l'inverse, elle a beau jeu de dire que Galilée n'a aucune preuve de ce mouvement – ce qui est parfaitement vrai à l'époque. Elle fait surtout preuve d'une grande malhonnêteté car Galilée a précisément montré que les « arguments » invoqués par l'Église pour affirmer la fixité de la Terre ne sont pas plus recevables. Pour Giordano Bruno, c'est la même chose, avec hélas des conséquences encore plus tragiques.

Une quête encore inachevée

Quand Giordano Bruno affirme sa conviction en la pluralité des mondes, il remet au goût du jour un débat qui existait déjà dans la Grèce antique sur la nature et la distance des étoiles, et les conséquences que l'on pouvait en tirer quant à la place de la Terre dans l'Univers. L'idée d'infini déplaisait aux penseurs grecs. L'infinité en mathématiques ou dans le monde des idées pourquoi pas, mais l'infini dans le monde physique était plus intimidant. À ce concept, ils préféraient celui d'un monde clos et, si possible, pas si étendu que cela. Bien sûr, les savants grecs avaient déjà réussi à arpenter notre environnement proche. Après avoir prouvé la rotondité de la Terre, ils avaient estimé la circonférence avec une bonne précision, et déterminé avec justesse à la fois la taille et la distance de la Lune. Verdict : 400 000 kilomètres environ. Ils avaient ensuite tenté d'estimer la distance du Soleil avec un demi-succès puisqu'ils n'avaient fait que prouver qu'elle était supérieure à une petite dizaine de millions de kilomètres, ce qui au passage indiquait que le Soleil était au moins cinq fois plus gros que la Terre – un premier pas vers la réalisation de notre insignifiance cosmique. Ils avaient ensuite tenté d'évaluer la distance des cinq planètes connues à l'époque, de Mercure à Saturne, qu'ils plaçaient à raison à dix fois la distance Terre-Soleil… si ce n'est que cette distance Terre-Soleil n'était pas connue. Et après ?

Après, il y avait les étoiles, mais impossible de savoir à quelle distance. Pourtant, l'enjeu était de taille. Si la Terre était bien immobile au centre de l'Univers, alors elle devait aussi être immobile par rapport aux étoiles lointaines. En revanche, si c'était le Soleil qui était immobile avec la Terre tournant autour de lui, alors le mouvement de notre planète pouvait être observé par un léger balancement des étoiles proches par rapport aux étoiles lointaines à mesure que la Terre se déplaçait par rapport à elles, phénomène appelé « parallaxe ». Certains astronomes grecs tentèrent, sans succès, de mettre en évidence l'éventuel mouvement de la Terre par ce biais, un échec impossible à interpréter: il pouvait tout autant signifier que la Terre était effectivement immobile par rapport à des étoiles qui seraient proches ou que les étoiles étaient tout simplement trop éloignées pour que l'éventuel mouvement de la Terre soit discernable par ce biais. Cette preuve aurait pourtant été fort utile à Galilée pour se défendre lors du procès que lui intentait l'Église mais les moyens de l'époque ne permettaient pas de trancher.

Il faudra attendre encore deux siècles pour que soit mesurée pour la première fois la distance à certaines étoiles, d'abord la discrète 61 Cygni en 1838 par l'Allemand Friedrich Bessel (1784-1846), puis la brillante Véga peu de temps après. De ces résultats, il apparaît que les étoiles les plus proches sont au minimum deux cent cinquante mille fois plus distantes de la Terre que le Soleil. Rien de surprenant dans ces conditions que l'infime déplacement de la Terre ait été jusque-là impossible à mettre en évidence. En prime, un tel facteur de distance résout la question de l'éclat réel des étoiles. Si vous multipliez votre distance au Soleil par un facteur 10, alors le disque qu'il couvre sur le ciel diminue d'un facteur 10 en taille et d'un facteur 100 en surface. Vous recevez donc cent fois moins de lumière de sa part. Si vous multipliez la distance par 1 000, alors l'éclat de l'étoile diminue d'un facteur 1 000 000. Et si vous placez le Soleil deux cent cinquante mille fois plus loin qu'il ne l'est, alors vous diminuez son éclat de plus de 60 milliards, ce qui ferait de lui une étoile encore facilement visible à l'œil nu mais pas parmi les plus brillantes. Autrement dit, les étoiles les plus brillantes du ciel, de Sirius à Véga, en passant par Arcturus, sont pour certaines bien plus brillantes que le Soleil ! En repoussant les étoiles à des distances fantastiquement grandes, Bessel n'a pas fait qu'agrandir l'Univers qui s'offre à nos yeux, il a aussi gravé dans le marbre la banalité stellaire de notre étoile.

Mais la question qui nous intéresse ici est celle posée par Giordano Bruno : *existe-t-il des planètes* autour de ces étoiles ? Une question ardue en vérité, tant les planètes sont difficiles à détecter. Quelques petits chiffres peuvent aider à le comprendre. En termes de taille et de distance, la Terre, avec son diamètre de 12 700 kilomètres, est environ cent fois plus petite que le Soleil (1 400 000 kilomètres de diamètre), et la distance qui l'en sépare (1,5 million de kilomètres) est à nouveau cent fois plus petite que la taille de notre étoile. Si l'on s'amuse à faire une maquette rudimentaire du Système solaire en choisissant en guise de Soleil un ballon de vingt centimètres de diamètre– jaune, tant qu'à faire –, la Terre est donc une tête d'épingle d'à peine deux millimètres située à une vingtaine de mètres du ballon. Essayons maintenant de nous représenter à quoi ressemblerait ce système vu depuis le plus proche point d'observation stellaire, l'étoile Proxima du Centaure. Comme indiqué il y a quelques lignes, celle-ci est située à deux cent cinquante mille fois la distance Terre-Soleil, soit 5 000 kilomètres à l'échelle de la maquette : c'est depuis une telle distance que l'on veut distinguer notre Terre-tête d'épingle située à vingt mètres de notre Soleil-ballon de football. Et il y a pire. Contrairement au Soleil, la Terre ne brille pas par elle-même, elle se contente de réfléchir une partie de la lumière reçue de notre étoile. Quelle fraction ? Eu égard à sa petite taille, sa grande distance et quelques autres facteurs, ce n'est même pas un milliardième de l'éclat de notre étoile qu'elle renvoie. Une planète à côté de son étoile, ce n'est même pas une luciole devant les projecteurs d'un stade de football que l'on essaierait de distinguer depuis un point de vue fantastiquement distant. Détecter une planète par imagerie directe, c'est chercher à distinguer un objet irrémédiablement noyé dans l'intense éclat de son étoile… Savoir où pourraient se trouver les planètes est facile – il suffit de chercher au voisinage des étoiles – mais les distinguer effectivement est pour ainsi dire impossible.

Cela a longtemps empêché tout espoir de détection de planètes situées au-delà du Système solaire et a surtout obligé les astronomes à user de moyens détournés pour repérer ces fameuses planètes. Pour cela, ils ont dû inventer des méthodes indirectes : au lieu de « voir » les planètes, ils ont essayé de percevoir leur influence sur leur environnement, c'est-à-dire sur leur étoile d'attache *. Détecter une planète est difficile car il n'y a rien qui laisse penser que telle ou telle étoile en héberge. Comment savoir si les étoiles que l'on va étudier ont quelque chose à nous offrir et si ce quelque chose, quand il existe, se laissera détecter ? Autrement dit, c'est chercher une aiguille dans une botte de foin.

---

* Si vous avez lu mon précédent ouvrage dans cette collection, *Pourquoi* $E = m c^2$ (humenSciences, 2022), vous ne serez peut-être pas en terre inconnue car c'est exactement l'idée qui a été utilisée pour identifier les premiers trous noirs, par les perturbations qu'ils causaient à l'étoile avec laquelle ils formaient un système binaire.

Les astronomes ont imaginé moult méthodes dont celle des vitesses radiales. Quand on dit que la Lune tourne autour de la Terre, c'est un (léger) abus de langage. La bonne formulation serait de dire que les deux astres tournent autour de leur centre de gravité commun. Dans un système aussi déséquilibré que celui de la Terre et de la Lune, le centre de gravité se confond quasiment avec le centre de l'objet le plus massif – la Terre. La distance entre ces deux points est en effet assez faible : de l'ordre de 5 000 kilomètres. Du fait de la trajectoire de la Lune, la Terre décrit une trajectoire approximativement circulaire d'environ 5 000 kilomètres de rayon en vingt-sept jours et huit heures environ. Le déplacement de la Lune autour de la Terre, qui s'effectue à une vitesse d'environ un kilomètre par seconde s'accompagne donc d'un déplacement complémentaire de la Terre elle-même d'environ douze mètres par seconde, en plus de sa course annuelle autour du Soleil. Notre étoile est bien sûr concernée par le même phénomène car elle est légèrement déplacée par la course des autres planètes autour d'elle, Jupiter en tête car c'est la plus massive de toutes. C'est un déplacement d'environ treize mètres par seconde (dans les cinquante kilomètres par heure) que Jupiter impose au Soleil, auquel il faut ajouter l'influence des autres planètes, dont la

Terre qui contribue à une infime correction d'environ dix centimètres par seconde, c'est-à-dire 0,36 kilomètre par heure.

Ce qui est vrai pour le Soleil se répète pour toutes les autres étoiles, pourvu qu'elles possèdent des planètes. Peu importe que celles-ci soient visibles ou non, leur présence sera révélée par les légers mouvements qu'elles causent à l'étoile dont elles sont captives. Ce mouvement peut être détecté par un effet que nous connaissons tous : l'effet Doppler. Il se manifeste par le fait qu'une source sonore comme la sirène d'une ambulance sera perçue différemment selon qu'on est immobile ou en mouvement par rapport à elle. Le son sera un peu plus aigu quand l'ambulance s'approche et un peu plus grave quand elle s'éloigne. Son et lumière sont des phénomènes assez différents, mais ils ont un point commun : ce sont des ondes, c'est-à-dire un phénomène ondulatoire où quelque chose vibre de proche en proche – l'air pour le son ou de petits champs électriques et magnétiques pour la lumière. Cette nature ondulatoire suffit à assurer que la fréquence des vibrations (qui fixe la hauteur du son) sera altérée par notre mouvement par rapport à la source qui l'émet. Pour la lumière, l'effet Doppler se traduit par un changement de couleur de la source de lumière, quoiqu'en général bien trop faible pour être perçu à l'œil nu. Il faut pour cela un instrument dédié, le spectrographe – j'en ai parlé dans le chapitre précédent –, et suffisamment précis pour détecter des variations de vitesse de quelques dizaines de mètres par seconde, ce dont personne ne disposait il y a trente ans.

À cette époque, il devient clair que des exoplanètes, si elles existent, vont tôt ou tard être détectées et cela donne lieu à une compétition féroce entre plusieurs groupes d'astronomes, que ce soit en Europe avec l'équipe suisse dirigée par Michel Mayor (né en 1942) où officie un de ses étudiants, Didier Queloz (né en 1966), et outre-Atlantique celle de Geoff Marcy (né en 1954) et Paul Butler (né en 1960). Avant 1995, plusieurs annonces font les gros titres des journaux. Dès 1984 est annoncée la découverte d'une source infrarouge (comprendre un objet chaud) à proximité de l'étoile Van Biesbroeck 8, ou VB 8, source qui pourrait bien être une grosse planète. L'objet en question, sobrement baptisé VB 8 B, s'avérera être un artefact sans intérêt lié à une activité de surface de VB 8, mais il demeure un des premiers candidats sérieux – et malheureux – au statut d'exoplanète. Les choses s'accélèrent en 1992 où sont annoncées coup sur coup les découvertes de deux systèmes exoplanétaires prometteurs. Le premier concerne l'étoile HD 114762 A, dont la vitesse par rapport au Soleil présente des oscillations autour d'une valeur moyenne. Problème: ce que l'on mesure de la vitesse de l'étoile est uniquement celle le long de la ligne de visée, pas la vraie valeur de la vitesse. C'est exactement ce qu'il se passe avec le son: la hauteur du son de la sirène de l'ambulance est la même si l'ambulance est immobile ou si elle tourne en cercle autour de nous, quelle que soit sa vitesse. Ainsi, le faible déplacement de HD 114762 A pouvait être interprété à la fois comme une planète dont l'orbite serait vue par la tranche, ou par un objet plus massif, une naine brune*, dont l'orbite serait vue de dessus, et c'est cette dernière configuration qui s'avérera être à l'œuvre.

Plus intrigant encore, cette même année sont découverts plusieurs objets autour du pulsar PSR B1257+12. Les pulsars sont le nom donné à certains cadavres stellaires particulièrement compacts, les étoiles à neutrons**. Pour diverses raisons pas complètement comprises, les étoiles à neutrons sont le siège d'une intense émission d'ondes radio qui se fait principalement le long de leur axe magnétique. De même que pour la Terre et les autres

* Nous parlerons de ces objets au chapitre suivant.

** Ces objets aussi seront décrits au chapitre suivant.

planètes, rien n'oblige l'axe magnétique et l'axe de rotation d'un astre à être confondus – autrement dit, le Nord magnétique indiqué par votre boussole ne coïncide pas exactement avec le vrai Nord géographique. Et si, pour les pulsars, l'émission se fait préférentiellement le long de l'axe magnétique, alors du fait de sa rotation, le signal radio balaie le ciel à l'image du faisceau d'un immense phare cosmique en une émission périodique à la fois très rapide (car les pulsars tournent sur eux-mêmes souvent en moins d'une seconde) et très régulière. Cette fois, c'est le chronométrage précis du temps d'arrivée des signaux qui signale que le pulsar bouge légèrement en raison de petits corps en orbite autour de lui. En 1992, ce sont deux, puis trois corps potentiellement en orbite autour de PSR B1257+12 qui sont annoncés par l'Américain Dale Frail (né en 1961) et le Polonais Aleksander Wolszczan (né en 1946). Les toutes premières planètes détectées ? En termes de masse, sûrement. La plus grosse ne fait que quatre fois la masse de la Terre, la moins massive, découverte en 1994, à peine 5 %. Mais s'agit-il vraiment de planètes ? Avant d'être un pulsar, PSR B1257+12 fut une étoile d'au moins huit fois la masse du Soleil, qui à l'acmé de son éclat était un objet bien plus étendu que l'orbite de la Terre. Or aucun des objets découverts par Frail et Wolszczan n'est situé à plus de 75 millions de kilomètres du pulsar, soit la moitié seulement de la distance Terre-Soleil. Quelle que soit l'origine exacte de ces objets, tout porte à croire qu'elle remonte à la mort de l'étoile, non pas à sa naissance. Peut-être méritent-ils le titre de planète, mais des planètes au mode de formation tellement différent (et différé) par rapport à des planètes ordinaires, qui naissent conjointement avec leur étoile, qu'ils se voient immédiatement attribués un statut à part, un statut unique même car, trente ans plus tard, seuls deux autres pulsars sur les 2000 connus se sont vus accompagnés de planètes qui, dans un cas comme dans l'autre, n'étaient sans doute pas présentes à la formation de l'étoile.

La course aux «vraies» planètes couronne finalement, en 1995, l'équipe suisse et ses observations faites en France, à l'Observatoire de Haute-Provence qui, en 1995, découvre la première exoplanète autour de l'étoile 51 Pegasi (ou 51 Peg)*. En fait, à l'époque, Michel Mayor et Didier Queloz n'espèrent pas détecter des planètes. Leurs espoirs portent plutôt sur les naines brunes, ces étoiles avortées dont je

* Les deux recevront le prix Nobel de physique en 2019 pour leur découverte de la première exoplanète.

vous parlerai dans le prochain chapitre. La raison à cela est que les naines brunes sont plus massives que les planètes et donc plus faciles à détecter : à distance égale, l'effet d'une planète ou d'une naine brune sur son étoile est proportionnel à sa masse. Avec une masse d'au minimum treize fois celle de Jupiter (et jusqu'à soixante-quinze fois celle-ci), une naine brune a bien plus de chances d'être au-dessus du seuil de détection. En prime, la détectabilité est d'autant plus grande que l'astre invisible est proche de son étoile car le mouvement sera plus rapide. Or, si on se fie à ce que révèle le Système solaire, des planètes proches du Soleil, il n'y en a pas (Mercure est déjà située à plus de 50 millions de kilomètres de celui-ci), et les planètes les plus massives en sont fort éloignées, conformément à ce que les astronomes comprenaient des processus de formation planétaire : les planètes géantes sont principalement composées de gaz et celui-ci est systématiquement soufflé par l'étoile, quand il ne tombe pas sur elle. Impossible donc de former une planète géante proche de son étoile, et peu de chances d'en trouver... sauf que c'est précisément un objet de masse planétaire et étonnamment proche de son étoile que découvrent Mayor et Queloz ! Baptisée 51 Pegasi b suivant la nomenclature qui sera désormais utilisée*, elle a une masse d'au moins la moitié de celle de Jupiter mais tourne autour de 51 Peg en seulement quatre jours. Incroyablement proche de son étoile, par ailleurs assez semblable au Soleil, sa surface est chauffée à des températures démesurées, et atteint probablement les 1000 °C. Comparée à ce que l'on sait du Système solaire, 51 Peg b est un véritable ovni par la combinaison de sa masse et de la proximité à son étoile, au point qu'il fut un temps considéré qu'il ne s'agissait peut-être pas d'une vraie planète mais, à nouveau, d'une naine brune qui aurait été progressivement dépouillée de sa masse par sa trop faible distance avec 51 Peg. Mais la découverte dans les années qui suivent d'autres exoplanètes à la fois massives et très proches de leur étoile invalide peu à peu cette hypothèse : 51 Peg b est réellement une planète mais dont l'origine et la destinée sont fort différentes de ce que nous observons dans le Système solaire. Une fois de plus, la « première » dans un domaine de l'astronomie débouche sur une énorme surprise...

---

* Les exoplanètes sont baptisées du nom de leur étoile parente, suivi d'une lettre minuscule par ordre alphabétique à mesure des découvertes des différentes planètes d'un système, en commençant par la lettre « b ».

Pourtant très active, l'équipe américaine, de Marcy et Butler est devancée et donc réduite à confirmer, à l'aide de ses propres observations, la découverte et les caractéristiques étranges de 51 Peg b. Mais elle se rattrape en étant la plus grande pourvoyeuse d'exoplanètes pendant plusieurs années : sur les cent premières exoplanètes découvertes, plus des deux tiers sont l'œuvre de Marcy et Butler. Upsilon Andromedae (ou Upsilon And) est le premier système exoplanétaire multiple après la découverte de Upsilon And b en 1996 puis Upsilon And c moins de trois ans plus tard. Découverte elle aussi en 1996, 55 Cancri b est la première planète à se trouver dans un système de deux étoiles : 55 Cancri A, autour de laquelle elle parcourt une orbite resserrée en quatorze jours et demi, et 55 Cancri B, une étoile de masse plus modeste qui tourne autour de 55 Cancri A à bien plus grande distance et en plusieurs dizaines de milliers d'années. Très vite, c'est la diversité des systèmes qui saute aux yeux. Ils ne ressemblent en rien à notre Système solaire. Rien d'étonnant en soi puisque les caractéristiques des planètes du Système solaire rendent la détection d'éventuels alter ego lointains quasi impossible. Mais ce qui fascine surtout, c'est leur relative proximité. 51 Pegasi est une étoile peu brillante et néanmoins visible à l'œil nu. Idem pour 55 Cancri et Upsilon And. En prime, aucune de ces étoiles n'est très éloignée de nous, au sens astronomique du terme: 51 Peg est située à 51 années-lumière, 55 Cancri à 41 et Upsilon And à 44. Dans le volume englobant ces quatre astres (avec le Soleil), on ne compte que quelques centaines de systèmes stellaires. Et déjà quatre qui possèdent des planètes!

Assez vite, les astronomes entrevoient une autre méthode de détection de planètes extrasolaires, qu'ils imaginent encore plus prometteuse. À défaut de distinguer la lumière des planètes, ils vont s'efforcer de voir leur ombre, ou plutôt leur silhouette, devrait-on dire. L'idée générale remonte au XVIIe siècle, lorsque les astronomes de l'époque comprirent que les deux planètes internes du Système solaire, Mercure et Vénus, pouvaient de temps à autre passer exactement entre la Terre et le Soleil. Le phénomène serait alors observable sous la forme d'un minuscule grain de beauté traversant le disque solaire en quelques heures. Au-delà de la curiosité d'un tel événement astronomique, hélas assez rare, l'astronome anglais Halley comprit que l'observation de ce phénomène depuis plusieurs endroits de la Terre pouvait permettre, par effet de perspective, de déterminer la distance de la Terre à la planète observée. C'est par ce biais que fut évaluée pour la première fois avec une bonne précision l'échelle des distances dans le Système solaire lors des deux passages (ou transits, selon la terminologie scientifique) de Vénus devant le Soleil en 1761, puis en 1769*. Avec des planètes extrasolaires, rien n'interdit que le plan orbital de celles-ci soit parallèle à la ligne de visée sous laquelle nous observons l'étoile. Autrement dit, il est possible (mais aucunement certain) que nous puissions assister au transit d'une exoplanète devant son étoile et éventuellement la détecter par ce biais. Mais par quel moyen? Lors d'un transit de Mercure et Vénus, on distingue aisément le disque solaire, que l'on voit légèrement occulté par le minuscule disque de la planète. De disque stellaire, on n'en voit point quand on regarde les étoiles. Mais on dispose d'une information capitale: le flux de lumière que nous recevons d'elle. Et le point important est que tout objet qui s'interpose entre elle et nous va intercepter une partie de ce flux, et ce toujours dans les mêmes proportions, quelle que soit la distance qui nous sépare du phénomène. Même si nous n'en verrons jamais les détails par imagerie directe, une exoplanète est détectable au moment où elle passe devant son étoile par le fait que nous recevrons moins de lumière de cette dernière lors de ce

* Voir *Pourquoi la Terre est ronde.*

transit. On peut ensuite distinguer le transit d'une variation naturelle de l'éclat de l'étoile par le fait qu'il se répète systématiquement et à intervalles réguliers.

Fouloscopie

La force de cette méthode – dite des transits – est qu'elle nécessite seulement de suivre la variation d'éclat des étoiles, ce que l'on peut faire avec un grand nombre d'étoiles en un unique cliché, alors que la mesure de la variation de vitesse des étoiles ne peut se faire qu'étoile par étoile. En revanche, la méthode souffre d'une double faiblesse. Premièrement, la variation d'éclat est toujours très faible. Une planète comme Jupiter est environ dix fois plus petite en taille que le Soleil. À distance égale, son disque couvre une zone cent fois plus petite. Le passage de Jupiter devant le Soleil, si on l'observait de loin, ne provoquerait qu'une baisse de 1 % de la lumière reçue. Avec la Terre, dix fois plus petite encore, la baisse n'est plus que de 0,01 %, un chiffre trop faible pour être mesurable en pratique. Et surtout, un transit n'est visible que si le système exoplanétaire à détecter est vu par la tranche, condition *sine qua non* pour que l'exoplanète passe devant son étoile.

Si on revient au cas du Système solaire, un observateur distant de celui-ci n'est correctement positionné pour observer la Terre transiter devant le Soleil que dans moins de 1 % des cas, un chiffre qui descend à moins de 0,2 % pour Jupiter… Mais même dans les 0,2 % de cas favorables, une jumelle de Jupiter orbitant autour d'un jumeau du Soleil ne sera pas détectable par nous autres humains, pour une question de temps, cette fois. Un transit seul ne suffit pas pour cela, il faut détecter la périodicité de leur occurrence, et donc détecter au moins trois transits consécutifs et vérifier qu'ils sont également espacés les uns des autres, ce qui, au vu des caractéristiques orbitales de Jupiter, nécessiterait *a minima* vingt-deux années d'observation. Tout comme pour la méthode des vitesses radiales, le temps joue contre les astronomes, et les systèmes de grande extension sont indétectables. Exit donc la possibilité de détecter un alter ego du Système solaire, cela ne sera pas possible avant des décennies (pour Jupiter ou Saturne), voire des siècles (pour Uranus et Neptune), temps nécessaire pour que les observations détectent plusieurs passages de chacune de ces planètes. Pour l'heure, la méthode des transits est très efficace, mais uniquement pour des systèmes planétaires bien plus compacts, un exemple extrême étant donné par celui dénommé TRAPPIST-1 qui comporte sept planètes, toutes comprises dans une région bien plus petite que l'orbite de Mercure et qui tournent toutes autour de leur étoile, bien plus petite et bien moins lumineuse que le Soleil, en moins de trois semaines.

Malgré ses défauts, la méthode des transits reste à ce jour la plus efficace. Grâce notamment à la mission américaine *Kepler*, lancée en 2009, plus de 2700 planètes ont été découvertes par ce biais, auxquelles s'ajouteront peut-être 2000 candidates qui nécessitent confirmation (ou infirmation) par des télescopes au sol. Le secret d'une telle efficacité ? Pendant neuf ans, le satellite a pointé ses instruments en continu en direction d'une région du ciel particulièrement riche en étoiles, et c'est plus de 500000 d'entre elles dont il a suivi en permanence les éventuelles variations de luminosité, parfois dues à des transits d'exoplanètes. Et même si la probabilité de détection est faible, le nombre d'étoiles suivi est bien assez grand pour qu'au final des milliers d'exoplanètes soient détectées. En prime, rien n'interdit la synergie des deux techniques décrites ci-dessus. Une planète peut à la fois être détectée par la méthode des vitesses radiales et des transits, ce qui ouvre des perspectives particulièrement intéressantes. Avec la méthode des vitesses radiales, c'est la masse de la planète que l'on détermine. Plus précisément, c'est le rapport des masses de la planète et de l'étoile auquel on a accès, mais l'étude de la lumière de l'étoile permet, *via* des modèles sophistiqués de physique stellaire, d'accéder à tous les paramètres de l'astre, notamment sa masse. Donc en mesurant le rapport des masses, on obtient *in fine* la masse de la planète. En comparaison, la méthode des transits nous dit de combien la lumière de l'étoile est atténuée, donc donne accès au rapport de taille entre étoile et planète et au rayon de la planète si on a par ailleurs déterminé celui de l'étoile. Ainsi, les deux méthodes utilisées ensemble nous donnent la masse et le rayon de la planète, et donc sa densité. Si celle-ci est élevée, alors il s'agit, comme la Terre, d'une planète rocheuse, et si elle est faible, il s'agira d'une planète gazeuse, comme Jupiter. Même si à aucun moment on n'a explicitement « vu » la planète, on sait en partie de quoi elle est composée !

Comme toute technique de détection, la méthode des vitesses radiales souffre de biais : certains types de planète sont plus faciles à détecter que d'autres. Pour résumer, ce sont surtout des grosses planètes qui sont détectables, et surtout des planètes proches de leur étoile. Si on revient à notre Système solaire, on se rend compte, à nouveau, que celui-ci, ou son jumeau distant, serait indétectable : les planètes qu'il contient sont trop petites quand elles sont à bonne distance, et trop distantes quand elles ont la bonne taille. Cette même remarque vaut pour la méthode des vitesses radiales. Pour détecter des planètes de plus petite taille, ou un analogue du Système solaire, il faut user d'une autre méthode, radicalement différente, celle dite des microlentilles.

Les lois de la gravitation établies par Isaac Newton en 1687 affirment que les objets s'attirent du fait de leur masse. Un peu plus de deux siècles plus tard, Albert Einstein (1879-1955) corrige cette affirmation. Du fait de la célèbre équation $E = m\,c^2$, qui relie masse (le m de l'équation) et énergie (le E), ce ne sont pas les masses qui s'attirent, mais les énergies. Et à ce jeu-là, l'illustre savant comprend que des entités sans masse mais dotées d'énergie peuvent être sensibles à la force de gravitation. C'est (notamment) le cas des photons, c'est-à-dire les constituants de la lumière. La matière attire donc la lumière, certes faiblement, mais suffisamment pour légèrement défléchir sa trajectoire. Une étoile peut ainsi, par sa masse, défléchir la lumière d'une étoile d'arrière-plan. Si la Terre est idéalement alignée avec les deux étoiles, alors, nous disent les calculs, l'étoile déflectrice d'avant-plan peut focaliser la lumière de l'étoile d'arrière-plan, amplifiant brièvement celle-ci pendant les quelques jours ou semaines où l'alignement entre les trois astres sera suffisamment bon. À nouveau, l'imagerie directe n'est d'aucun secours ici: la déflexion de la lumière se fait sur une zone si petite qu'elle est largement contenue dans un unique pixel du détecteur. Les astronomes suivent l'évolution de la luminosité du phénomène, c'est-à-dire sa courbe de lumière dans le jargon scientifique. Le point remarquable est que si l'étoile déflectrice est accompagnée d'une planète et si celle-ci est au «bon» endroit, alors l'effet combiné de l'étoile et de la planète, chacune déviant la lumière de l'étoile d'arrière-plan, donnera une courbe de lumière différente de celle obtenue en l'absence de la planète. Plus remarquable encore, la nouvelle courbe de lumière peut, en certaines occasions, communiquer des informations sur la planète, notamment sa masse, et la force de cette technique, c'est que la planète n'a plus besoin d'être massive pour être détectée. Un objet de masse terrestre et même bien en dessous sera révélé par la fugace modification de l'éclat de l'astre d'arrière-plan qu'elle aura causée quand, au sens le plus littéral du terme, les astres se seront alignés.

Anonyme et unique à la fois

Cette technique de détection est dénommée «méthode des microlentilles». «Lentille» car le phénomène général de focalisation de la lumière amplifie l'éclat de l'astre d'arrière-plan, exactement comme le fait une lentille optique, et « micro » parce que l'amplification se fait sur une zone extrêmement petite du ciel, dont on ne distingue pas les détails. Sa faiblesse est la rareté du phénomène. Il n'y a guère qu'une chance sur un million pour qu'une étoile donnée se trouve parfaitement alignée avec une étoile d'arrière-plan, quand bien même celles-ci se comptent en centaines de milliards dans notre Galaxie *. Mais elle possède une force incomparable : elle est bien moins discriminante que les deux autres techniques et permet ainsi de mieux estimer combien d'exoplanètes existent.

Désormais, la faible masse d'une planète n'est plus, ou plus autant, un frein à sa détection. On peut donc espérer détecter des planètes de masse terrestre sans trop de problème. Même s'il y a encore des biais et qu'il n'est pas possible de remonter à toutes les informations concernant la planète en question, on dispose des moyens de détecter des objets qui seraient d'une absolue discrétion avec d'autres méthodes. Disons que l'espace des possibles est plus étendu, que le type et les caractéristiques des planètes détectables augmentent, que la population potentiellement

* La galaxie dans laquelle se trouve le Soleil s'appelle, au choix, la Voie lactée ou la Galaxie (avec un « G » majuscule).

atteignable s'étend aussi. Et comme on peut toujours évaluer quelle proportion de système potentiellement détectable sera ratée, la détection de quelques spécimens suffit à enrichir la population de planètes invisibles. Finalement, on aboutit à cette conclusion vertigineuse, sur laquelle plane le fantôme de Giordano Bruno : *il existe au moins autant de planètes que d'étoiles dans notre Galaxie.* « Au moins autant », parce que diverses configurations planétaires demeurent inaccessibles, quelle que soit la technique utilisée. Mais même si les cas qui sont toujours inaccessibles devaient être minoritaires car peu de planètes s'y trouveraient, ce « au moins autant » n'en est pas moins démesuré. S'il y a dans les 200 à 300 milliards d'étoiles dans notre Galaxie – le chiffre n'est pas si facile que cela à établir –, il y a aussi *au moins* 200 ou 300 milliards de planètes !

Les auteurs de l'étude qui établit ce résultat sont même encore plus optimistes : « Nous concluons que les étoiles autour desquelles orbitent des planètes sont la règle, et non l'exception », affirment-ils en 2012. Avec des centaines de milliards d'étoiles, ce sont des centaines de milliards de planètes qui existent… dans notre seule Galaxie. Et comme celle-ci ne présente aucune particularité notable, il est à présumer qu'on peut étendre ce résultat à toutes les galaxies de l'Univers actuel, dont le nombre se compte en dizaines voire en centaines de milliards. Cela fait donc dans les dix mille milliards de milliards d'étoiles – 10 000 000 000 000 000 000 000 si vous préférez – et, si l'on accepte de faire l'extrapolation que rien ne semble empêcher, cela signifie tout autant de planètes...

Dans de telles conditions, où et comment classer notre Système solaire ? Il n'est certainement pas unique en matière d'entité. La formation de planètes est à l'évidence un phénomène terriblement banal depuis des milliards d'années. Peut-être même est-il inévitable. Mais les caractéristiques des exoplanètes sont si diverses que nous savons, avec certitude, que l'évolution et peut-être la genèse des systèmes planétaires sont très diverses. Le Système solaire représente une évolution possible d'un phénomène générique, qui a connu des bifurcations plus ou moins improbables avant d'arriver à l'état dans lequel nous l'observons.

CHAPITRE 3

AVANT LE COMMENCEMENT

Les astronomes ont tendance à dater l'acte de naissance de la Terre et du reste du Système solaire à 4,568 milliards d'années. Nous verrons plus tard comment est déterminé ce chiffre ainsi que les réticences qu'il a suscitées. Pour l'instant, contentons-nous de retenir que c'est effectivement à ce moment-là que le nuage de gaz qui deviendra le Soleil finit de se contracter et de s'« allumer », quand bien même ce terme est, comme on va le voir, un peu trompeur. C'est aussi à ce moment-là que commence à se condenser la matière qui va donner naissance aux planètes. Mais est-ce vraiment là que les choses ont commencé ? Pour former une étoile comme le Soleil, et surtout des planètes comme celles du Système solaire, encore faut-il que la matière qui va les composer existe au préalable. La remarque semble peut-être triviale mais il n'en est rien. Un objet tel que le Système solaire n'aurait pas pu se former à l'identique neuf milliards d'années avant sa naissance. Pourquoi ? Parce que la matière alors disponible dans l'Univers n'était pas la même ! Il y en avait certes autant, mais avec bien moins de diversité. La formation du Soleil et du Système solaire dans son ensemble a en ce sens débuté bien avant leur naissance officielle. Elle s'est déroulée sur des milliards d'années et partout dans la Voie lactée, aussi c'est dans cet ailleurs diffus et lointain que résident les limbes de nos origines. Pour ce qui est de l'origine de la matière, la question est longtemps restée en suspens : comment en discuter quand on ignore tout de sa nature ? Il faudra attendre le début du XXe siècle pour que cette question soit définitivement élucidée.

La matière est composée d'atomes, comme cela avait été proposé dès l'Antiquité par certains philosophes comme Démocrite (env. –460 à –370). Une intuition remarquable… qui devint un frein à son acceptation, tant son ancienneté lui donnait un côté en apparence obsolète, voire naïf. Longtemps abandonnée, l'hypothèse atomiste est reprise peu à peu par les chimistes dans le courant du XIXe siècle, notamment avec l'Anglais John Dalton (1766-1844). La réalité des atomes s'impose peu à peu, les deux étapes décisives étant franchies par Albert Einstein et Jean Perrin (1870-1942) entre 1905 et 1910*, alors que dans le même temps la classification des atomes en fonction de leur masse ou de leurs propriétés chimiques s'achève. Elle couronne une grande aventure scientifique qui s'est étalée tout au long du XIXe siècle dont le principal architecte fut le Russe Dimitri Mendeleïev (1834-1907). C'est à lui que l'on doit le tableau périodique des éléments, aussi nommé tableau de Mendeleïev en son honneur. Il classe les différents atomes – ou éléments – par masse croissante, tout en regroupant dans des colonnes ceux aux propriétés chimiques proches.

Vers l'infiniment petit

La taille des atomes est située aux alentours de quelques dixièmes de millionièmes de millimètre. Ils sont bien sûr invisibles à l'œil nu et même au microscope, raison pour laquelle leur réalité fut si longtemps débattue. Étymologiquement, le mot « atome » signifie « insécable », c'est-à-dire quelque chose qui ne peut être brisé. Mais on sait aujourd'hui que les atomes sont eux-mêmes composés de trois entités : les protons, les neutrons et les électrons. Protons et neutrons sont assemblés en nombre à peu près égal au sein de

* Voir *Pourquoi* $E = m c^2$.

la partie centrale de l'atome, très petite, appelée le noyau. Autour se trouvent les électrons. On représente souvent les atomes comme des systèmes solaires miniatures où les électrons tourneraient autour du noyau telles des planètes. La réalité est plus subtile, mais il est vrai que les électrons ne peuvent être considérés comme statiques. Ils forment une sorte de nuage beaucoup plus étendu que le noyau. Comparés aux neutrons et aux protons, les électrons sont très peu massifs. Pour schématiser, on peut dire que la masse est concentrée dans le noyau alors que le volume est balayé par les électrons.

Protons et électrons possèdent ce qu'on appelle une charge électrique, c'est-à-dire qu'ils sont sensibles aux champs électriques et magnétiques. Les protons ont tous une charge identique et positive, opposée à celle des électrons. Deux charges de même signe se repoussent, raison pour laquelle deux atomes ne peuvent pas facilement s'interpénétrer: leurs nuages électroniques respectifs vont se repousser l'un l'autre. En revanche, l'attraction exercée par les protons du noyau sur les électrons permet de maintenir ceux-ci captifs, sans pour autant leur permettre de fusionner avec lui (ce qui n'a rien d'évident, mais qui prendrait trop de place à expliquer). Quant aux protons du noyau, ils ont certes tendance à se repousser du fait de leur charge électrique, mais ils sont également attirés entre eux ainsi que par les neutrons par une autre force, appelée pour diverses raisons historiques la force nucléaire forte. Celle-ci est suffisamment intense pour outrepasser la répulsion due aux charges électriques, ce qui explique que les noyaux sont très solides. Dans l'immensité des situations de la vie courante, on peut même les considérer comme indestructibles, conformément à l'intuition que s'en faisaient Démocrite puis les chimistes jusqu'à la fin du XIXe siècle. Autour du noyau, les électrons ne s'arrangent pas au hasard. Ils sont organisés en couches concentriques, chacune ne pouvant posséder qu'un nombre fixé d'électrons : deux pour la couche la plus profonde, huit pour les deux couches suivantes, dix-huit pour les deux d'après, etc. Par ailleurs, un atome possède autant d'électrons qu'il y a de protons dans le noyau. Ce qui forme la carte d'identité de l'atome, c'est la configuration de ses électrons, et donc, de façon équivalente, le nombre de ses protons. L'atome qui contient un proton s'appelle l'hydrogène, suivi par l'hélium avec deux protons, puis viennent le lithium, le béryllium, le bore, le carbone... jusqu'à l'uranium avec quatre-vingt-douze protons.

Généalogie de la matière

Bien avant que leur nature soit élucidée, certains atomes étaient connus dès l'Antiquité, voire la préhistoire. C'est le cas de métaux comme le fer, l'or, le cuivre ou l'argent, que l'on trouve à l'état natif dans le sol. La plupart des autres éléments chimiques étaient inconnus car ils s'agencent presque toujours avec d'autres atomes pour former des molécules dont rien n'indique qu'elles sont des objets composés. Distinguer l'« élémentaire » du « composé » était fort difficile et occupa bien des chimistes des XVIIIe, XIXe et XXe siècles.

Si les noms de certains atomes sont connus de tous (carbone, oxygène, azote…), d'autres comme le tantale (73 protons) ou le samarium (62 protons) le sont beaucoup moins, voire pas du tout. Cela est dû à leur rareté et au fait que nombre d'entre eux n'interviennent guère dans notre vie quotidienne, n'étant pas utilisés par le monde du vivant ou n'ayant guère d'utilisation industrielle. Pourtant, tous ces noms ont une histoire et souvent portent la trace discrète des circonstances de leur découverte. Il ne vous surprendra pas d'apprendre que le lutécium (71 protons) a été découvert par un Français, parisien de naissance, Georges Urbain (1872-1938). De même, le germanium (32 protons) a été isolé par un Allemand, Clemens Winkler (1838-1904). Quant au polonium et au francium (84 et 87 protons respectivement), ils sont à mettre au crédit des époux Curie : Marie Curie (1867-1934), polonaise de naissance et devenue française par son mariage avec Pierre Curie (1859-1906). Au jeu de la notoriété chimico-géographique, rien n'égale cependant la minuscule bourgade suédoise d'Ytterby. C'est dans une carrière de cette commune que fut extrait un minerai appelé monazite dans lequel le chimiste finlandais Johan Gadolin (1760-1852) identifia en 1789 un élément nouveau (qui s'avérera posséder 39 protons), qu'il nomme assez logiquement yttrium. Par la suite, on se rend compte en 1843 que ce composé comporte en réalité deux autres éléments, baptisés eux aussi sur des variations du nom de la commune : le terbium et l'erbium avec 65 et 68 protons, respectivement. Rebelote quand un quatrième élément est découvert en 1878, ce sera cette fois l'ytterbium (70 protons). Au même moment, on se rend compte que ce qu'on pensait être de l'erbium pur est en fait amalgamé avec deux autres éléments, qui seront baptisés holmium (67 protons), en honneur de la capitale suédoise Stockholm située à une trentaine de kilomètres d'Ytterby, et thulium (69 protons), dérivé du nom latin de la Scandinavie

(Thulé). *Idem* quand, au même moment, l'ytterbium s'avère lui aussi contenir un composé supplémentaire, le scandium, avec 21 protons.

Aujourd'hui, le tableau périodique largement ébauché par Mendeleïev et complété par ses successeurs est plein : les éléments qui y figurent sont les seuls assemblages possibles de protons et de neutrons, et il n'existe donc pas d'élément inconnu sur Terre qui justifierait qu'on dépense des fortunes à explorer ou coloniser des mondes lointains pour les y extraire (ce qui est de toute façon impossible). Il n'y aura donc jamais de turbinium martien du film *Total Recall*, pas plus que de duranium de *Star Trek*. Les matériaux de nature inconnue dont sont composés le célébrissime monolithe de *2001, l'odyssée de l'espace* ou les « coques » du plus confidentiel *Premier Contact* n'existeront jamais ailleurs que dans des œuvres de fiction, tout comme le mithril du *Seigneur des anneaux*, ou le féminium des bracelets indestructibles de la super-héroïne Wonder Woman. Les auteurs d'œuvres de fiction sont les premiers conscients de la tricherie à laquelle ils ont souvent recours pour invoquer telle ou telle matière inconnue qui joue un rôle décisif dans leurs récits. Dans un mouvement évident d'autodérision, le matériau qui justifie l'exploitation minière de la lune Pandora des films *Avatar* s'appelle d'ailleurs l'unobtainium, latinisation de l'anglais « *unobtainable* », c'est-à-dire… « impossible à obtenir » !

Fusion et fission

Le tableau de Mendeleïev est sans doute la plus remarquable œuvre des chimistes, mais il n'aborde pas la question de l'origine de ses différents éléments. Celle-ci sera résolue en trouvant la solution à une autre grande question : d'où vient la source d'énergie du Soleil ? Son intense rayonnement et la mise en évidence de processus géologiques extrêmement longs sur Terre indiquent que le Soleil est doté d'une source d'énergie puissante et surtout étonnamment pérenne, ce que les lois physiques connues au XIXe siècle se montraient incapables d'expliquer, tant et si bien que physiciens et géologues étaient en profond désaccord sur le sujet. « Le Soleil ne peut briller depuis plus de cent millions d'années », affirmaient les premiers sur foi de leur connaissance d'alors des lois de la physique, auxquels les seconds répondaient que la Terre était nécessairement vieille de plusieurs centaines de millions d'années sur foi de mesures très… terre à terre mais difficiles à remettre en cause. La résolution de ce paradoxe est trouvée par la découverte de la radioactivité à la toute fin du XIXe siècle puis, peu après, de la célébrissime équation $E = m\,c^2$ par Albert

Einstein. S'impose alors le fait que les atomes sont susceptibles, selon les situations, de libérer des quantités considérables d'énergie en fusionnant entre eux, ou au contraire en se brisant, un processus qui dans un cas comme dans l'autre produit bien assez d'énergie pour permettre au Soleil de briller des centaines et des centaines de millions d'années.

Toutefois, cela ne résout pas la question de l'origine. La matière se transforme dans le Soleil, mais il est clair qu'elle lui préexiste. D'où peuvent venir les atomes composant le Soleil à sa naissance, la Terre, la Lune et les autres planètes ? Les physiciens ont compris que pour libérer l'énergie des atomes, il faut des densités et températures très élevées. À partir des années 1930 et 1940, deux lieux s'imposent naturellement : les étoiles et en particulier celles qui ont précédé la naissance du Soleil, ou alors l'Univers très jeune, dont les scientifiques soupçonnent déjà et à raison qu'il a été très chaud. Qui dit deux lieux dit aussi deux écoles de pensée : certains astronomes estiment que les étoiles ont fait tout le travail, transformant sans relâche et depuis la nuit des temps la matière, là où d'autres estiment que tout s'est joué dès la naissance de l'Univers, les étoiles n'apportant qu'une contribution mineure à l'édifice. Dans le courant des années 1950, le débat tourne rapidement à la guerre d'ego, comme souvent dans un domaine aussi chargé de symboles que la question des origines. Le chef de file de l'origine stellaire des atomes est l'Anglais Fred Hoyle (1915-2001), l'un des principaux architectes de la synthèse des éléments dans les étoiles massives. S'oppose à lui le théoricien américain d'origine russe George Gamow (1904-1968). Le débat entre les deux hommes va au-delà de cette question. Hoyle n'aime pas l'idée que l'Univers soit issu d'un événement fondateur, le Big Bang. Il lui préfère l'idée d'un Univers qui n'évolue pas sur le long terme, dans lequel de la matière est créée en permanence pour compenser sa dilution du fait de son expansion, découverte à la toute fin des années 1920 par les Américains Edwin Hubble (1889-1953) et Milton Humason (1891-1972). Cruelle ironie, c'est Hoyle lui-même qui invente ce nom de Big Bang lors d'une émission radiophonique où il qualifie avec dédain le concept. Le sobriquet se transforme en un coup de génie involontaire et surtout en coup de pouce pour le camp d'en face, car le succès immédiat du terme joue pour beaucoup dans la diffusion de l'idée que l'Univers est issu d'un événement originel qui n'est pas sans rappeler la Création biblique.

Dans ce débat, la science offre finalement un verdict digne du jugement de Salomon. Oui, des atomes se forment lors des tout premiers instants de l'Univers. Dans les minutes qui suivent le Big Bang se produisent bien plus de réactions nucléaires qu'il ne s'en produira dans les 13,8 milliards d'années qui vont suivre. Mais non, ce n'est pas la fin de l'histoire. Car si le rythme des réactions est alors incroyablement élevé, il y a bien peu de réactions différentes à l'œuvre et bien peu de formes de matière créées. Pour la diversité, il va falloir du temps, celui qu'offrent les étoiles.

Fournaise initiale

L'Univers tel que nous le connaissons est issu d'une phase dense et chaude, le fameux Big Bang. On ne sait si cette époque signe son véritable acte de naissance ou une transition depuis un état antérieur, mais ce n'est pas important ici. Ce qui nous intéresse, c'est que la température et la densité qui règnent alors sont inimaginablement plus grandes que tout ce qui existera par la suite. On sait ainsi avec certitude que le thermomètre est monté, *a minima*, à cent millions de milliards de degrés (un 1 suivi de dix-sept zéros) et tout porte à croire qu'il a atteint des valeurs bien plus élevées encore. Dans de telles conditions, la matière telle que nous la connaissons – atomes, composés de protons, neutrons et électrons – n'existe pas.

Au niveau microscopique, le monde n'est pas figé. Dans un gaz, les molécules ou atomes qui le composent se déplacent et s'entrechoquent sans cesse. L'intensité de ces déplacements est liée à une notion que nous connaissons tous : la température. Plus celle-ci est élevée, plus l'agitation des atomes est importante. C'est la raison pour laquelle les molécules sont relativement fragiles. Au-delà d'un certain niveau d'agitation thermique, celles-ci finissent par se briser. À ce jeu-là, toutes les molécules ne sont pas égales et certaines se montrent bien plus robustes que d'autres. Les molécules du vivant, très complexes, se dégradent pour la plupart bien avant que la température n'atteigne les 100 °C. C'est pourquoi les espèces vivantes ne peuvent exister que dans une plage très limitée de températures. Des molécules plus rudimentaires comme l'eau ou le dioxyde de carbone peuvent supporter des températures de plusieurs centaines de degrés. La plus résistante de toutes est, semble-t-il, le dioxyde de titane (ou TiO_2), qui subsiste à plus de 3000 °C. Mais, au-delà, point de salut, les atomes sont condamnés au célibat... du moins tant qu'ils existent. Car l'augmentation de la température fragilise de plus en plus les atomes eux-mêmes, et ce qui les constitue. À des températures qui se comptent en milliers de degrés, les chocs que subissent les atomes sont suffisants pour leur arracher un ou plusieurs électrons – on parle alors d'ions quand il y a un déficit ou au contraire un excès d'électrons autour du noyau. À haute température, la matière est donc un mélange d'ions chargés positivement (car ils contiennent plus de protons que d'électrons) et d'électrons libres, ce que les physiciens appellent un plasma. Comme pour les molécules précédemment, tous les atomes ne sont pas égaux dans cette situation. À 10 000 °C, l'hydrogène et l'hélium gardent ainsi jalousement leur(s) électron(s), quand d'autres atomes commencent à perdre certains des leurs. Élevons maintenant la température d'un facteur 1 000, pour dépasser allègrement le million de degrés. Tous les électrons les plus externes des atomes sont désormais manquants, seuls les noyaux les plus lourds parviennent encore à en garder quelques-uns, ceux des couches les plus internes. Un gros coup de chaud plus tard, de quoi atteindre le milliard de degrés, l'effeuillage des atomes se poursuit, mais un nouvel effet va apparaître : les noyaux des atomes, jusque-là indestructibles, ne résistent plus aux chocs et peuvent être brisés ou alors fusionner entre eux. À des températures encore plus élevées, comme celles qui régnaient lors du Big Bang, les atomes n'existent purement et simplement pas. Ils sont réduits à une purée de protons, de neutrons et d'électrons, les deux premiers de la liste étant eux-mêmes éventuellement brisés en entités plus élémentaires, les quarks, à encore plus haute température. Pour ce qui nous intéresse ici, nous allons partir de l'époque où les constituants des atomes existaient déjà mais ne s'étaient pas encore assemblés entre eux, et expliquer comment l'Univers s'est progressivement structuré à l'échelle microscopique.

Le Big Bang est une époque lors de laquelle l'Univers est en expansion très rapide, aussi la densité baisse-t-elle rapidement, tout comme la température puisque quand on détend un gaz, sa température diminue (c'est le principe de fonctionnement d'un frigo ou d'un climatiseur). Quelle qu'ait été la température maximale ayant régné dans l'Univers, celui-ci n'a même pas besoin d'un millième de seconde pour se refroidir à 100 000 milliards de degrés. Une petite seconde plus tard, la température a baissé jusqu'à 10 milliards de degrés. C'est là que commence la saga de la matière telle que nous la connaissons. On ne sait pas exactement de quoi était composé l'Univers en ses tout premiers instants, mais depuis une fraction de seconde, ne subsistent désormais plus que des protons, des neutrons et des électrons, ainsi bien sûr qu'un intense rayonnement, d'évanescentes particules appelées des neutrinos, plus quelques autres particules qui ne vont pas jouer de rôle ici. Tant que la température est au-delà de 10 milliards de degrés, il ne se passe pas grand-chose vis-à-vis de ce qui va nous intéresser. Si un proton heurte un électron, il peut se transformer en un neutron et un neutrino, mais la réaction inverse est possible : un neutron peut réagir avec un neutrino pour former un proton et un électron.

$E = m c^2$

Au départ, neutrons et protons sont en nombres égaux, les réactions transformant l'un en l'autre se produisant à un rythme identique. Mais à mesure que le temps passe, une des réactions se produit un peu moins souvent que l'autre : il est plus facile de transformer un neutron en proton que l'inverse. La raison de cette rupture d'équilibre est à chercher dans la plus célèbre équation de toute la science : $E = m c^2$, dont j'ai abondamment parlé dans un autre ouvrage de cette collection*. Elle joue un rôle central dans tout ce qui va suivre, aussi mérite-t-elle un petit aparté. Elle nous dit que la masse – le m de l'équation – est une forme d'énergie parmi d'autres – le E – et que sous certaines conditions, il est possible de transformer de la masse en une autre forme d'énergie et inversement suivant une

* En l'occurrence *Pourquoi* $E = m c^2$.

loi de stricte proportionnalité. Cette équation trouve une application ici. Dans la réaction où un proton fusionne avec un électron pour former un neutron et un neutrino, la masse des réactifs (le proton et l'électron) est légèrement inférieure à celle des produits (le neutron et le neutrino), d'environ 0,15 %. Cela signifie que la réaction est possible, mais au prix d'une perte d'énergie qui va compenser l'augmentation de masse des constituants. Cette perte se traduit en général par une diminution de la vitesse des constituants : il faut que le proton et l'électron se heurtent à suffisamment haute vitesse pour fournir l'énergie nécessaire. Or, à mesure que la température baisse, la vitesse moyenne des particules diminue et il est de plus en plus rare qu'un proton et un électron possèdent une vitesse relative suffisante pour pouvoir former un neutron. À l'inverse, un neutron et un neutrino de faible énergie pourront toujours réagir pour former un proton et un neutron. Ce déséquilibre progressif fait qu'une seconde après le Big Bang, il ne reste plus qu'un neutron pour six protons, une situation qui va peu à peu empirer. Car, non content de ne pouvoir être fabriqué par des collisions entre protons et électrons, le neutron est en prime une particule instable. Un neutron isolé va spontanément se désintégrer, en un quart d'heure en moyenne, en un proton, un électron et une autre particule appelée antineutrino. Qu'est-ce qu'un antineutrino ? La physique des particules nous dit qu'à toute particule de matière on peut associer un alter ego composé d'antimatière. Il existe des antiprotons, des antiélectrons et des antineutrinos. La caractéristique principale de l'antimatière est son incapacité à cohabiter avec la matière : en cas de rencontre, deux particules opposées s'annihilent en émettant de la lumière, du moins si la probabilité de rencontre est élevée. Un antineutrino mis lors de la désintégration du neutron a bien peu de chances d'interagir avec quoi que ce soit, tant neutrinos et antineutrinos sont des particules évanescentes, mais si d'aventure des antiélectrons se forment, ils s'annihileront à coup sûr avec des électrons, comme on le verra dans quelques pages.

Revenons au Big Bang. Si l'Univers veut fabriquer des atomes, il n'a pas d'autre choix que de se dépêcher. En effet, les noyaux atomiques ne peuvent exister que si des neutrons accompagnent les protons, dans un nombre ni trop faible, ni trop élevé, sans quoi le noyau sera instable, à l'image d'un neutron isolé. À l'exception du noyau d'hydrogène qui peut ne posséder aucun neutron, tous les autres en contiennent. Sans neutrons, il n'y aura donc rien d'autre que de l'hydrogène.

La nucléosynthèse primordiale

Dans le monde des noyaux atomiques, il n'existe pas de diprotons (un noyau exclusivement composé de deux protons) ou de dineutrons (deux neutrons). Pour fabriquer quelque chose, il est nécessaire de commencer par assembler un proton et un neutron. Il s'agit là d'une forme d'hydrogène (puisqu'il y a un proton), qui a droit à un nom spécifique : le deutérium. Assez fragile, le deutérium est rapidement détruit quand la température est élevée, raison pour laquelle les choses ne démarrent pas avant que la température ait suffisamment baissé. Une fois le deutérium formé, il va fatalement heurter d'autres particules. S'il rencontre un proton, les deux vont fusionner pour former un noyau à deux protons et un neutron. On parle alors d'hélium 3 : « hélium » pour signifier qu'il y a deux protons, et « 3 » pour signifier qu'il y a trois particules en tout, en comptant le neutron. Retenez bien cette logique, j'aurai souvent à utiliser ce type de notation dans ce chapitre. Quand deux noyaux de deutérium entrent en collision, ils sont tellement fragiles que l'un des deux se brise forcément et voit un seul de ses constituants absorbé par l'autre noyau. S'il s'agit du proton, on forme à nouveau de l'hélium 3, et s'il s'agit d'un neutron, on crée une nouvelle forme de noyau d'hydrogène, qui possède cette fois deux neutrons. On peut parler d'hydrogène 3 mais, comme le deutérium, ce noyau fait partie des rares qui possèdent leur petit nom : le tritium.

Les réactions nucléaires susceptibles de se produire dans l'Univers primordial sont tel un labyrinthe dans lequel la plupart des voies sont sans issue, et où quelques couloirs semblent converger vers une unique sortie. Un noyau d'hélium 3 ne peut réagir avec un proton car le noyau qui en résulterait, le lithium 4, est instable par manque de neutrons. Première impasse. *Idem* pour le tritium s'il rencontre un neutron : l'hydrogène 4 qui en résulte n'est pas stable. Deuxième impasse. En revanche, l'hélium 3 peut s'enrichir d'un neutron pour former de l'hélium 4. Première sortie. De son côté, le tritium peut réagir avec un proton pour former aussi un noyau d'hélium 4. Deuxième sortie. Tout comme l'hélium 3 peut entrer en collision avec le deutérium pour former du lithium 5 (trois protons et deux neutrons), tellement instable qu'il se désintègre immédiatement en un noyau d'hélium 4 et un proton. Nouvelle sortie, identique aux deux autres : l'Univers produit sans difficulté de l'hélium 4, *via* plusieurs canaux.

Dans les années 1940, nombre d'astrophysiciens, Gamow en tête, s'imaginent que tous les noyaux atomiques peuvent être synthétisés lors du Big Bang, mais la physique nucléaire leur a donné tort. Car, une fois l'hélium 4 formé, on ne peut plus faire grand-chose avec. La faute en incombe à une facétie de la physique nucléaire : il n'existe aucun noyau atomique stable comprenant cinq ou huit particules. Impossible donc à un noyau d'hélium 4 de réagir avec un autre noyau d'hélium 4 : le noyau résultant, le béryllium 8, n'est pas stable et se brise aussitôt formé. Pas plus de succès si l'hélium 4 tente de réagir avec un proton ou un neutron isolé : ni le lithium 5 (3 protons et 2 neutrons), ni l'hélium 5 (2 protons et 3 neutrons) ne sont stables. Alors bien sûr, l'hélium 4 peut réagir avec du tritium ou de l'hélium 3 pour former respectivement du lithium 7 ou du béryllium 7, mais la valse ne dure guère plus longtemps. Le béryllium 7 finit par heurter un neutron pour former du lithium 7 tout en émettant un proton. Quant au lithium 7, il réagit tout aussi efficacement avec un proton pour l'absorber... et se scinder immédiatement en deux noyaux d'hélium 4 : retour à la case départ. Lors du Big Bang, la version astronomique du célèbre adage selon lequel tous les chemins mènent à Rome affirme que toutes les réactions produisent de l'hélium 4. Au bout d'un gros quart d'heure, la messe est dite: presque tous les neutrons disponibles ont réagi et ont contribué à former de l'hélium 4, plus quelques infimes traces de deutérium, d'hélium 3, de lithium 7, ainsi que de neutrons survivants, de tritium et de béryllium 7. Les trois derniers nommés sont en sursis: avec leur espérance de vie d'un quart d'heure en moyenne, les minutes des neutrons sont comptées. D'ici quelques heures tout au plus, même les plus récalcitrants d'entre eux auront disparu. Ils seront suivis dans les mois et années à venir par les traces de béryllium 7, qui est en réalité instable avec une espérance de vie moyenne de cinquante-trois jours. Des années plus tard, ce sera au tritium, instable, de se désintégrer en douze ans et quatre mois en moyenne. Un de ses neutrons se transformera en un proton, transformant le noyau en hélium 3 et en émettant un électron et un antineutrino.

Finalement, c'est un étrange paradoxe qu'offrent les premières minutes de l'Univers: un nombre hallucinant de réactions nucléaires se produisent, mais pour ne former aucune diversité: presque exclusivement de l'hélium 4. Il est assez facile de déterminer combien, d'ailleurs: au moment où les réactions débutent, on ne compte déjà plus qu'un neutron pour six protons. La durée des réactions fait que certains neutrons se désintègrent spontanément, ce qui fait qu'on a un neutron pour sept protons, ou bien, de façon équivalente, deux neutrons pour quatorze protons. Si tous les neutrons finissent au sein des noyaux d'hélium 4, cela signifie que partant de ces deux neutrons et quatorze protons, on arrivera à un noyau d'hélium 4 pour douze protons, ou douze atomes d'hydrogène. Comme neutrons et protons ont des masses presque identiques, un noyau d'hélium 4 a une masse d'environ quatre protons, donc l'Univers a formé 25 % d'hélium en masse, pour 75 % d'hydrogène. Tout le reste n'existe qu'à l'état de trace : il n'y a même pas un noyau de deutérium pour 10 000 protons et l'hélium 3 est trois fois moins abondant encore. Quant au lithium 7, on n'en trouve même pas un noyau pour 10 milliards de protons...

Pour fabriquer autre chose que de l'hydrogène ou de l'hélium, l'Univers a besoin de chaleur et surtout de temps. Lors du Big Bang, le refroidissement était tellement rapide que les rares réactions qui auraient permis d'aller au-delà de l'hélium n'ont pas eu le temps de se produire. À la suite de cette phase, appelée la nucléosynthèse primordiale, l'Univers dispose de l'éternité devant lui, mais il est désormais très froid. Impossible de produire de nouvelles réactions sans moyen de les amorcer. Mais l'Univers a de la ressource : il va inventer les étoiles.

Les étoiles prennent le relai

George Gamow et Fred Hoyle ne sont pas les seuls promoteurs du Big Bang pour l'un et des étoiles pour l'autre comme principal pourvoyeur d'atomes, mais leur talent de vulgarisateurs et leurs personnalités assez opposées concentrent les regards sur eux. Hoyle est un débatteur hors pair, respectueux de ses adversaires mais habile critique de leurs idées. Il sait les tourner en ridicule au besoin ou les présenter de façon désavantageuse. Gamow a un côté plus flamboyant et un humour communicatif. Contrairement à Hoyle, il sait que, dans un débat, mettre le public dans sa poche compte presque autant que la qualité des arguments. Dans son autobiographie, publiée deux ans après sa mort, il présente ainsi les idées de Fred Hoyle avec sa verve habituelle, mi-respectueuse, mi-moqueuse, dans une évidente parodie de la Genèse :

« Au commencement, Dieu créa le rayonnement et [les protons et neutrons]. [...] Et Dieu dit : "Que la masse deux soit." Et la masse deux fut. Et Dieu vit le deutérium et Il vit que cela était bon. Alors Dieu dit : "Que la masse trois soit." Et la masse trois fut. Dieu vit le tritium et Il vit que le tritium était bon.

Et Dieu invoqua toutes les masses jusqu'au-delà de l'uranium. Mais quand il contempla Son œuvre, Il vit que ça n'était pas bon. Dans l'excitation, Il avait omis d'invoquer la masse cinq et par conséquent, il était impossible de former des éléments plus lourds. [...] Alors Dieu dit: "Que Hoyle soit." Et Hoyle fut. Et Dieu vit Hoyle et lui ordonna de fabriquer les éléments de la façon qui lui plairait. Alors Hoyle décida de fabriquer les éléments dans les étoiles et de les disperser dans l'Univers quand elles exploseraient. [...] Ainsi, avec l'aide de Dieu, Hoyle fabriqua tous les éléments lourds dans les étoiles, mais d'une façon si compliquée que ni Hoyle, ni Dieu, ni personne d'autre ne pouvait expliquer comment cela se passait vraiment.»

On ne sait pas vraiment de quand date ce texte. Au moment de sa publication, en 1970, il est malgré tout un peu obsolète car la plupart des pièces du puzzle sont raisonnablement bien comprises. Mais il n'est pas faux de dire que la fabrication des éléments chimiques dans les étoiles est assez complexe, parce qu'elle nécessite de nombreuses étapes et que l'occurrence de celles-ci dépend des caractéristiques de l'étoile, au point qu'il était facile et tentant d'avoir des doutes quant à la solidité de l'édifice dont Hoyle était un des principaux architectes. Pour tout vous avouer, il est difficile de résumer de façon rigoureuse mais concise la fabrication des atomes au sein des étoiles. Le plus simple est de vous donner quelques exemples.

L'atome le plus abondant dans le corps humain est l'hydrogène. Celui-ci est issu du Big Bang, comme je l'ai dit. L'oxygène de l'eau, de l'atmosphère terrestre ou des molécules du vivant est principalement issu d'étoiles massives qui explosent en fin de vie. Le carbone, également présent dans tous les organismes vivants, est majoritairement formé lors des dernières phases de vie des étoiles de masse intermédiaire, de deux à huit fois celle du Soleil. Le fer de votre hémoglobine est, lui, formé quand les cadavres de ces mêmes étoiles explosent à la suite d'une collision avec une de leurs semblables. Quant à l'or des bijoux que vous aimez peut-être porter ou offrir, il est synthétisé lors de la fusion des cadavres d'étoiles très massives. Il existe même deux atomes qui ne sont purement et simplement pas synthétisés lors du Big Bang ou au sein des étoiles : le béryllium et le bore. Ils ne doivent leur existence qu'au fait que les explosions d'étoiles (j'en parlerai bientôt) accélèrent une infime partie de leurs atomes à des vitesses faramineuses. Ceux-ci vont, au hasard de leur trajectoire dans la Galaxie, heurter d'autres atomes et éventuellement les briser, fabriquant occasionnellement du béryllium et du bore. Pour couronner le tout, la plupart des atomes peuvent être synthétisés par plusieurs canaux. Le calcium qui rend nos os si légers et résistants est autant produit dans les explosions d'étoiles massives que dans les collisions de cadavres d'étoiles de masse modérée. Quant au plomb, utilisé pour la fabrication des vitraux, il est produit par les étoiles de masse modérée en fin de vie et par les collisions de cadavres d'étoiles massives. À ce jeu, l'élément à l'origine la plus riche est le lithium : il est à la fois produit lors du Big Bang, lors des dernières phases des étoiles de type solaire, et par la brisure des atomes dans le milieu interstellaire. Aucune de ces voies de synthèse n'est franchement efficace, mais le lithium étant impossible à fabriquer autrement, toutes apportent une contribution finalement précieuse.

Si cette énumération vous effraie quelque peu, n'en prenez pas ombrage : vous partagez la même perplexité que Gamow et nombre de ses contemporains. Retenez simplement que les atomes sont formés dans les étoiles, mais pas tous par les mêmes étoiles ni aux mêmes phases de leur existence. Si, au contraire, elle vous donne envie d'en savoir plus, la suite de ce chapitre est faite pour vous.

Un début poussif

Conceptuellement, une étoile est un objet très simple. Sous l'effet de la force de gravitation (qui fait que les masses s'attirent les unes les autres), une région de l'Univers un peu plus dense que son environnement se contracte. Le détail du processus est complexe car de nombreux phénomènes s'opposent à cette contraction comme on le verra dans le prochain chapitre. Mais finalement, il est possible que des masses comparables à celle du Soleil se compriment en un volume relativement restreint, de l'ordre du million ou de la dizaine de millions de kilomètres... c'est-à-dire la taille de notre étoile. Ce processus de contraction, qui aujourd'hui encore porte son lot de mystères, échauffe l'intérieur de l'astre jusqu'à des températures de plusieurs millions de degrés. C'est bien peu par rapport à ce qu'il se passe dans l'Univers primordial, mais cette température relativement modérée est compensée par le temps pendant lequel elle perdure. Car, du temps, les étoiles en ont besoin.

La difficulté à laquelle sont confrontées les étoiles est que, contrairement à l'Univers primordial, celles-ci ne possèdent pas de neutrons libres. Or ce sont eux qui, en se liant aux protons, permettent la synthèse du deutérium par qui tout a commencé. Et c'est à nouveau de deutérium dont a besoin l'étoile, mais il n'y en a quasiment pas, si ce n'est les infimes traces issues du Big Bang. L'étoile doit donc trouver un moyen de le fabriquer. En principe, il est possible de fabriquer un neutron à partir d'un proton : comme je vous l'ai dit, il suffit que ce dernier fusionne avec un électron, mais pour cela il faudrait que les deux particules soient dotées d'une énergie très grande, et donc que la température soit extrêmement élevée, ce qui n'est pas le cas ici : avec les 15 millions de degrés qui règnent au centre du Soleil, on est très, très loin du compte. La « ruse » dont fait preuve l'étoile est de fabriquer directement un noyau de deutérium en fusionnant simultanément deux protons *et* un électron. C'est un processus énergétiquement favorable car, en termes de masse, le noyau de deutérium est plus léger que l'ensemble des trois constituants qui vont le fabriquer. Mais c'est aussi une configuration difficile à atteindre : que deux particules entrent en collision est bien plus probable que trois ne le fassent. C'est là qu'intervient l'ingrédient décisif dont disposent les étoiles : le temps. Même si cela prend des milliards d'années en moyenne, la fabrication du deutérium est possible parce que les étoiles sont des objets pérennes. Elles s'échauffent au départ parce qu'elles se contractent, puis produisent exactement ce qu'il faut de chaleur grâce aux réactions qui se déroulent en leur sein, à un rythme très lent, pour compenser leurs pertes en surface, pertes considérables à l'échelle humaine mais finalement assez limitées quand on les rapporte à la masse dont elles disposent. Autrement dit, il n'y a pas besoin de former du deutérium à un rythme effréné pour rendre possible l'existence même des étoiles. Celles-ci vont, grâce à cela, pouvoir briller longtemps. Une fois le deutérium formé, le verrou a sauté : alors que dans le Soleil il lui a fallu des milliards d'années pour se former, il ne lui faut que quelques minutes pour capter un nouveau proton pour former de l'hélium 3. Qui va éventuellement entrer en collision avec un autre noyau d'hélium 3 pour former de l'hélium 4 en éjectant deux protons. Il y a quelques autres réactions qui peuvent être à l'œuvre, mais comme pour la nucléosynthèse primordiale, elles mènent toutes à l'hélium 4, comme l'a compris l'Allemand Hans Bethe (1906-2005) en 1938.

La majeure partie de la vie des étoiles correspond à cette phase de conversion de l'hydrogène en hélium *via* la synthèse heureuse du deutérium, phase appelée la séquence principale. La durée de celle-ci dépend de la masse de l'étoile. Plus elle est massive, plus la température centrale est élevée et plus le rythme des réactions est rapide. À l'image d'une Formule 1 que l'on comparerait à une 2CV, les étoiles massives possèdent plus de réserves (du fait de leur masse), mais les brûleront bien plus rapidement. La longévité du Soleil est de l'ordre de 12 milliards d'années, un chiffre qui descend à quelques millions d'années à peine pour des étoiles de plus de cent masses solaires*. Les étoiles les moins massives, d'environ 7 à 8 % de la masse du Soleil, ont à l'inverse une longévité qui flirte voire dépasse les 10 000 milliards d'années. Ces chiffres sont une bonne nouvelle pour les systèmes planétaires que ces étoiles pourraient posséder, mais encore faut-il que ces systèmes puissent se former, c'est-à-dire que la matière qui les compose existe. Or une planète comme la Terre est principalement composée de fer, d'oxygène, de silicium et de magnésium, autant d'éléments qui n'existent pas à l'issue du Big Bang et que les étoiles sont incapables de former lors de la séquence principale : si toutes les étoiles se contentaient de former de l'hélium pendant cette séquence principale, alors on ne ferait que répéter, qui plus est au ralenti, ce qu'il s'est passé lors du Big Bang. Fort heureusement, les étoiles – ou certaines d'entre elles – vont aller beaucoup plus loin.

* En physique stellaire, on raisonne presque exclusivement en rapportant les masses en jeu par rapport à celle du Soleil, ce qui est largement plus commode que de donner des chiffres en kilogrammes ou en tonnes.

Un astre ne peut être considéré comme une étoile que si sa température centrale permet d'amorcer les réactions synthétisant de l'hélium. Ce sera le cas si sa masse est d'au minimum 7 % de celle du Soleil. En dessous de cette limite, l'étoile est avortée et qualifiée de naine brune. À partir de cette valeur et jusqu'à 50 % de la masse du Soleil, l'étoile se contentera de synthétiser de l'hélium lors de la séquence principale, à l'issue de quoi elle s'éteindra paisiblement, faute de carburant nucléaire. Le futur est de mise ici car de telles étoiles sont dotées d'une longévité largement supérieure à l'âge actuel de l'Univers : aucune d'entre elles n'a donc déjà cessé de briller. Les choses sont plus intéressantes pour les étoiles plus massives. Une fois qu'elles auront consommé l'hydrogène présent dans leur cœur, elles continueront à en brûler, mais cette fois en périphérie du cœur. Puis, à sec d'hydrogène, les étoiles n'auront d'autre choix que de se contracter car c'étaient les réactions nucléaires qui leur permettaient de maintenir leur taille. La température acquise par cette nouvelle phase de contraction sera alors suffisante pour commencer quelque chose de nouveau : la combustion de l'hélium. Je vous l'ai dit, lors du Big Bang, l'hélium formé ne sert à rien. Deux noyaux d'hélium 4 ne peuvent fusionner car le noyau résultant, le béryllium 8, est instable.

Mais la donne change si, au lieu de fusionner deux noyaux, on en fusionne *trois*. Le noyau résultant, le carbone 12, est parfaitement stable. Comme pour le deutérium dont la synthèse nécessite la rencontre de trois particules, la synthèse du carbone repose sur un trio éminemment peu probable : quand deux noyaux d'hélium 4 se rencontrent, le béryllium 8 formé est tellement instable que son espérance de vie est inférieure au millionième de milliardième de seconde. Pour fabriquer du carbone 12, il faut qu'un troisième noyau d'hélium 4 rencontre deux de ses congénères en un intervalle très rapproché – un événement qui n'avait aucune chance de se produire lors des quelques minutes du Big Bang. Avec des durées qui se comptent en millions d'années, ce qui était impossible lors du Big Bang devient inévitable dans les étoiles. Si on a envie de personnifier les choses, on peut dire que les étoiles ont eu un coup de génie de trouver un moyen de fabriquer du carbone, sans quoi rien de ce qui va suivre ne pourrait se produire. C'est en tout cas un coup de génie pour l'Estonien Ernst Öpik (1893-1985) de comprendre comment elles s'y prenaient. Hélas pour lui, la publication où il l'annonce en 1951 passe inaperçue. Ce n'est que quand son confrère américain d'origine autrichienne Edwin Salpeter (1924-2008) retrouve ce résultat un an plus tard que les astronomes en réalisent l'importance... en attribuant à Salpeter la paternité de l'idée.

Synthétiser du carbone n'est pas facile mais c'est le sésame indispensable pour la suite. Il faut que la température centrale de l'étoile atteigne les 100 millions de degrés, soit six à sept fois plus que ce qui règne au sein de notre Soleil. Pourquoi une telle valeur ? Parce que les noyaux d'hélium ont besoin d'être au contact pour fusionner trois par trois, ce qu'ils ne peuvent faire que s'ils se heurtent à très grande vitesse. Sans cela, la répulsion due à leur charge électrique les en empêche. Les étoiles de masse modérée s'arrêtent là car elles ne sont pas assez massives pour qu'à l'issue d'une nouvelle phase de contraction d'autres réactions puissent être initiées. Mais cela ne les empêche pas de faire quelques à-côtés fructueux.

Quand elles fabriquent ces éléments, ces étoiles sont désormais tellement chaudes qu'elles évacuent leur chaleur par convection : la matière qu'elles contiennent est constamment brassée, à l'image d'une casserole d'eau bouillante. Par conséquent, l'hydrogène situé en périphérie de l'étoile peut plonger jusqu'au cœur de l'astre et rencontrer le carbone fraîchement produit. Un atome de carbone 12 peut ainsi capturer un proton (c'est-à-dire un noyau d'hydrogène) pour former de l'azote 13. Celui-ci est instable car trop déséquilibré en termes de ratio protons/neutrons. Le noyau se réorganise de façon à transmuter un proton en neutron. Par quel miracle ? Parce que ce qui en résulte – un noyau de carbone 13 – est plus léger qu'un noyau d'azote 13, même si ça n'est pas le cas de leurs constituants pris individuellement. En pratique, un proton se désintègre en un neutron, un neutrino et un antiélectron (l'alter ego d'antimatière de l'électron, vous vous souvenez ?). Celui-ci disparaît presque instantanément en rencontrant un électron et ne joue plus de rôle. *Quid* en revanche du carbone 13 ? Il peut capter un nouveau proton pour former de l'azote 14. Puis un autre pour former de l'oxygène 15. Mais à nouveau celui-ci est instable et se réorganise de la même façon que l'azote 13 quelques lignes plus haut pour se transmuter en azote 15, stable. Qui va lui-même pouvoir tenter de capter un nouveau proton pour former de l'oxygène 16. « Tenter » seulement car il n'y arrivera pas. En heurtant le proton, les deux noyaux se réorganisent (le proton, d'une part, et l'azote 15, de l'autre), s'échangent des constituants et se séparent en s'étant tous deux transformés : l'azote 15 a cédé deux neutrons et un proton pour se transformer en carbone 12, et le proton est devenu de l'hélium 4. À nouveau, c'est parce que la masse combinée du carbone 12 et de l'hélium 4 est plus faible que celle de l'azote 15 et d'un proton que la réaction peut se produire, l'écart de masse entre les deux étant convertie en énergie et donc en chaleur par l'inévitable $E = m c^2$. La transformation est cyclique : on part d'un noyau de carbone 12 et on revient à un noyau de carbone 12, aussi elle peut se produire à nouveau, transformant sans relâche de l'hydrogène en hélium.

En fait, Bethe avait compris dès 1938 que durant la première phase de sa vie (la séquence principale), le Soleil pourrait en fait très bien procéder ainsi, si ce n'est que son intérieur n'est pas tout à fait assez chaud pour que ces réactions, connues sous le nom de cycle CNO (du nom des trois symboles chimiques du carbone, de l'azote et de l'oxygène), se produisent à un rythme notable. C'est le cas en revanche pour des étoiles un peu plus massives que le Soleil, qui produisent effectivement leur hélium dès la séquence principale *via* le cycle CNO*. Et aussi dans le futur Soleil, bien plus chaud, où les choses seront très différentes, avec des conséquences sur la diversité de la matière. Car, si le carbone 13 peut fusionner avec un proton pour former de l'azote 14, il peut aussi capter un noyau d'hélium 4 pour former deux nouveaux noyaux : oxygène 16 et un neutron libre. Les étoiles,

---

* Voir LEHOUCQ R., *Pourquoi le Soleil brille*, Paris, humenSciences, 2020.

même modestes, sont désormais capables de former des neutrons, qui vont – enfin ! – pouvoir créer de la diversité, beaucoup de diversité, même. Car, si les réactions nucléaires se produisent lentement au sein des étoiles, c'est parce qu'il est difficile pour deux noyaux atomiques de s'approcher : ils sont tous deux dotés d'une charge électrique positive et ont tendance à se repousser. Ce n'est que si la température est très élevée que leur vitesse relative est suffisante pour qu'ils puissent entrer en contact malgré cette répulsion. Avec les neutrons, tout change : un neutron n'est jamais repoussé par un noyau atomique, qu'il peut donc approcher, même s'il est doté d'une vitesse modérée. Avec un flux faible mais constant de neutrons produit par le carbone 13, tout autre noyau atomique peut être irradié par ces neutrons et grossir. Prenons l'exemple du fer, principalement présent sous forme de fer 56. Vous ne savez pas encore comment il se forme, mais supposez un instant qu'on en dispose au sein d'une étoile. En capturant un neutron, ce fer 56 va se transformer en fer 57, puis en fer 58 et fer 59, deux captures de neutrons plus tard. Ce dernier est un noyau instable car il possède trop de neutrons. Qu'à cela ne tienne, il va se réorganiser, un de ses neutrons se transformant en proton en éjectant un électron et un antineutrino. Le noyau devient donc du cobalt 59. Qui lui-même captera éventuellement un neutron pour former du cobalt 60. À nouveau, celui-ci est instable car trop richement doté de neutrons. L'un d'eux va se désintégrer à nouveau en un proton, transformant le noyau en nickel 60, et ainsi de suite. Même si le flux de neutrons est faible, il y a toujours une chance pour que les noyaux grossissent grâce à celui-ci. Bien sûr, le détail du processus est complexe. Tous les noyaux n'ont pas les mêmes capacités de capture des neutrons. Le fer, notamment, n'est pas un absorbeur efficace de neutrons, l'oxygène non plus. Mais des noyaux plus gros que le fer, si. Même s'il est rare qu'un noyau de fer grossisse en captant des protons, une fois ce seuil passé, la machine est lancée et les noyaux ainsi formés peuvent grossir sans beaucoup de limitations, si ce n'est la rareté des neutrons. Ils peuvent ainsi grossir jusqu'à former du plomb, avec quatre-vingt-deux protons et plus de cent vingt neutrons ! Bien sûr, les quantités produites décroissent avec la masse des atomes, ne serait-ce que parce qu'il faut des dizaines et des dizaines de captures de neutrons pour obtenir un unique noyau de plomb, alors que l'émission d'un seul neutron est un processus largement minoritaire par rapport à la synthèse du carbone. Les étoiles de faible masse peuvent donc produire beaucoup de diversité...

mais de façon très inégalitaire : il y aura toujours très peu de noyaux lourds comparés au carbone. On compte ainsi dans le Système solaire même pas un atome de plomb pour un milliard d'atomes d'hydrogène. C'est pourtant par ce biais, aussi inefficace soit-il, que provient la majeure partie du plomb terrestre.

Reste un dernier obstacle pour que toute cette matière forme un jour des planètes ou des êtres humains : qu'elle s'échappe de l'étoile. Dans les dernières phases de sa vie, celles où elle fabrique du carbone, une étoile de faible masse voit le rythme des réactions s'accélérer. Avec bien plus d'énergie à évacuer, elle n'a d'autre choix que de grossir beaucoup : plus sa surface est grande, plus ses déperditions de chaleur sont importantes. En grossissant, les couches externes de l'étoile sont tellement éloignées du centre qu'elles ne sont que faiblement liées au reste. Comme, en prime, des mouvements de convection très violents secouent l'étoile, elle expulse avec une grande efficacité une part importante de sa matière : plus de 30 % pour une étoile de la masse du Soleil, un chiffre qui monte à plus de 85 % pour une étoile de huit masses solaires. Le miracle s'est accompli : l'étoile a rendu de la matière au milieu interstellaire, une matière enrichie d'une multitude d'atomes nouveaux. Pas tous, cependant. Il n'y a guère d'oxygène, silicium, magnésium ou fer, principaux composants de notre planète. Pour ceux-là, il faut faire appel à d'autres processus.

Feux d'artifice

Les étoiles les plus massives (au moins huit fois la masse du Soleil) ne vont pas se contenter de fabriquer du carbone. À l'issue de sa synthèse, celui-ci devient le nouveau carburant de l'étoile. Ces noyaux fusionnent deux à deux pour former un noyau d'hélium et un noyau de néon. À l'issue, l'étoile se contracte et s'échauffe, brisant le néon en oxygène. Ce dernier sera le carburant du cycle suivant, où en fusionnant il formera du silicium. Qui fusionnera pour former du fer et du nickel. Tout cela se fera à un rythme bien plus élevé qu'au sein des placides étoiles de plus faible masse. Une étoile de quinze masses solaires expédie la séquence principale en treize millions d'années à peine, là où le Soleil lui consacre plus de dix milliards d'années. La suite est encore plus effrénée : même pas un million d'années pour la combustion de l'hélium, moins de quatre mille ans pour celle du carbone. Le néon disparaît en huit mois à peine et il ne faut que quatre ans pour convertir l'oxygène en silicium, qui lui-même fabrique le fer en moins d'un mois. Pour une étoile vraiment très massive (cent vingt fois la masse du Soleil), c'est bien pire : trois millions d'années à peine pour la séquence principale, deux semaines pour la combustion de l'oxygène et moins d'un jour pour la synthèse du fer et du nickel... Il est tentant d'imaginer que les choses pourraient continuer ainsi jusqu'aux noyaux les plus gros tel l'uranium, mais un sérieux problème guette les étoiles. La fusion successive de noyaux de petite taille en noyaux plus gros ne dégage pas toujours d'énergie. C'est le cas pour les noyaux dont la masse ne dépasse pas celle du fer et du nickel, mais plus après. Or c'est précisément parce qu'elle est le siège de réactions nucléaires qui produisent de l'énergie qu'une étoile peut briller. Le fer et le nickel semblent donc être la nouvelle impasse qui se dresse au-devant des étoiles massives.

On pourrait penser que le fer ne pouvant réagir avec quoi que ce soit, l'étoile entière convertirait l'intégralité de sa masse en fer. Ce serait une double catastrophe : seulement du fer serait produit... et il resterait à jamais dans le cadavre stellaire une fois sa synthèse achevée. Fort heureusement, le destin de l'étoile sera tout autre, à la fois fertile et flamboyant. Une étoile, vous ai-je dit, est un état d'équilibre entre la force de gravitation, qui veut la comprimer, et la pression, en grande partie produite par les réactions nucléaires. À ce jeu, les étoiles peuvent posséder un très large spectre de masse : de 7 % de la masse du Soleil à plus de 100 ou

150 masses solaires. Au-delà de cette valeur, les calculs indiquent qu'une étoile nouvellement formée serait sujette à des instabilités qui causeraient d'importantes pertes de masse jusqu'à la placer en dessous de la limite maximale autorisée, lui permettant de commencer sa vie d'étoile. Après ces éventuels soubresauts, une étoile est un objet globalement stable, dont l'évolution sera dictée par sa seule masse. Mais une fois en fin de vie, la situation change drastiquement. Amputée de la pression apportée par les réactions nucléaires, l'étoile doit compter sur d'autres formes de pression et celles-ci sont beaucoup moins efficaces. Au début des années 1930, un jeune astrophysicien indien, Subrahmanyan Chandrasekhar (1910-1995), fait à ce sujet une découverte surprenante : il ne semble pas exister de configuration d'équilibre stable pour une étoile morte si la masse de celle-ci dépasse 1,4 fois celle du Soleil. Qu'arrive-t-il donc à une étoile de masse plus importante ? À l'époque, personne n'en sait rien et Chandrasekhar se contente d'un prudent « On ne peut que spéculer quant à d'autres possibilités » à propos de l'évolution d'un cadavre stellaire trop massif*. La réponse à cette question soulèvera bien des débats passionnés dans le

* C'est une histoire que j'ai eu l'occasion de raconter dans *Pourquoi* $E = m c^2$.

courant des années 1930, au point que la réponse définitive mettra des décennies à émerger.

Avant de la donner, il faut préciser que cette limite de 1,4 fois la masse du Soleil ne concerne pas tant d'étoiles que cela. Comme je l'ai dit, toutes les étoiles d'une demi-masse solaire ou plus perdent une partie importante de leur masse, au point que les étoiles de huit fois la masse du Soleil subiront une telle cure d'amaigrissement sur la fin qu'elles pourront descendre en dessous de 1,4 fois la masse de notre étoile au moment décisif, quand elles s'éteindront paisiblement (au sens propre comme au sens figuré). Presque toutes évolueront donc en un cadavre stellaire appelé naine blanche, dont la masse n'excédera pas la limite fatidique trouvée par Chandrasekhar. Pour les étoiles vraiment massives (à partir de huit, voire dix masses solaires), l'histoire est tout autre. Le cœur d'une étoile massive est composé de fer. Il grossit au cours du temps, alimenté par le silicium en périphérie qui se transforme en fer. Et comme l'étoile est suffisamment massive, même si elle est, elle aussi, sujette à des pertes de masse, elle était largement assez massive au départ pour que son cœur atteigne inéluctablement la limite maximale, ce qui va radicalement changer son destin.

Quelle est donc la principale source de pression d'un astre qui n'est pas, ou plus, le siège de réactions nucléaires ? L'absence de ces réactions les ampute d'une efficace source de pression, aussi l'astre n'a d'autre choix que d'opter pour une configuration compacte où, sa densité aidant, sa pression interne sera élevée. Quand l'objet est peu massif et peu dense, la pression est le fait des atomes eux-mêmes : ceux-ci sont animés de mouvements incessants à cause de la température, qui les empêche de s'agglutiner trop près les uns des autres. Mais quand la densité augmente, cette forme de pression devient moins efficace. Elle va être remplacée par une propriété assez peu intuitive des électrons, appelée la pression de dégénérescence. Celle-ci est due aux propriétés déroutantes des lois du monde microscopique, qui stipulent que les électrons ne peuvent se trouver à la fois au même endroit et dans le même état. Sans le dire, j'ai brièvement évoqué ce phénomène quand j'ai expliqué le fait que les électrons étaient structurés autour des noyaux atomiques, l'enveloppant avec plusieurs couches : dans la couche la plus profonde, les électrons ne peuvent résider que dans deux états possibles. Et comme ils ne peuvent être plusieurs dans le même état, il n'y a au plus que deux électrons. Idem pour les deux couches suivantes, si ce n'est qu'il n'y a à chaque fois que huit états possibles, donc huit électrons au maximum, et ainsi de suite.

Pour en revenir aux cœurs des étoiles, quand la densité est très élevée, c'est ce même phénomène qui empêche les électrons de s'agglutiner les uns contre les autres et par suite à la matière d'acquérir une trop forte densité. Mais, nous disent les lois de la gravitation, à mesure que la masse croît, le champ de gravité augmente encore plus vite que cette pression de dégénérescence, au point que les électrons ne peuvent ni accompagner une telle compression (à cause de leur pression de dégénérescence), ni s'opposer à elle (à cause du champ de gravité). Une seule issue leur reste : disparaître purement et simplement. Quand le cœur de fer d'une étoile massive atteint le seuil fatidique de 1,4 fois la masse du Soleil, il se contracte brutalement, échauffant l'étoile à des températures fantastiques, suffisantes cette fois pour, simultanément, briser tous les noyaux de fer, permettre aux électrons de fusionner avec les protons qu'ils contenaient et former des neutrons. Il faut moins d'une seconde pour que cette réorganisation ait lieu : en moins d'une seconde, le cœur de fer de l'étoile, qui mesurait dans les 10 000 kilomètres de diamètre, se transforme en une boule de neutrons – une sorte de noyau atomique géant, si l'on veut – de 20 kilomètres de diamètre à peine. Tout le reste de l'étoile s'affaisse tout aussi brutalement sur ce cœur rabougri, avant de rebondir sur celui-ci avec une rare violence, disloquant le reste de l'étoile qui, par conséquent, explose brutalement. Car entre ici en scène un acteur jusque-là discret au point qu'on n'avait guère eu l'occasion de le présenter : le neutrino. Souvenez-vous : quand un électron fusionne avec un proton, il forme un neutron, mais aussi un neutrino. Les neutrinos comptent parmi les particules les plus évanescentes connues. Ils n'interagissent en général avec rien du tout. Par exemple, les réactions nucléaires qui ont lieu dans le Soleil produisent des neutrinos en grand nombre, notamment *via* la synthèse du deutérium. Ceux-ci traversent notre étoile sans dommage, puis l'espace qui nous sépare de la Terre... et nous-mêmes. À chaque seconde, ce sont plusieurs milliards de neutrinos qui traversent chaque centimètre carré de votre peau, sans que vous ressentiez quoi que ce soit ! D'ordinaire, les neutrinos ne servent presque à rien... sauf quand une étoile massive meurt. Le nombre de neutrinos produit est alors tellement important* et

* Un petit chiffre astronomique pour la route : le cœur de l'étoile émet en une seconde autant de neutrinos qu'il fabrique de neutrons, soit dans les 1 000 000 000 000 000 000 000 000 000 000 000 000 000 000 000 000 000 000 000 000.

leur énergie est tellement élevée qu'ils sont capables d'interagir avec les couches externes de l'étoile et d'y déposer une faible part de leur énergie. Guère plus de 1 %, mais cela représente ici une telle quantité qu'elle est largement suffisante pour souffler le reste de l'étoile, instantanément disloquée, explosant littéralement en illuminant fugacement toute la galaxie. C'est le phénomène de supernova, ou de supernova à effondrement de cœur car, comme on va le voir, ce n'est pas le seul type d'explosion stellaire dont Dame Nature va nous gratifier.

Plus important, l'énergie injectée dans l'enveloppe stellaire permet à quantité de nouvelles réactions de se produire. Une petite partie du fer du cœur est expulsée, ainsi que des neutrons. Même s'il ne s'agit que d'une faible fraction de la masse du cœur, ce flux de neutrons irradie toute l'enveloppe et permet la formation d'à peu près tous les atomes possibles et imaginables au-delà du fer par le processus déjà évoqué il y a quelques pages, appelé capture neutronique : les noyaux vont pouvoir capturer des neutrons, jusqu'à en être saturés et devenir instables (souvenez-vous, un noyau ne peut contenir ni trop, ni trop peu de neutrons). Le noyau va se réorganiser, un neutron se désintégrant en un proton et un électron qui est immédiatement expulsé, ce qui stabilise le noyau et lui permet de grossir à nouveau en captant des neutrons supplémentaires. C'est exactement ce qu'il s'est passé au sein des étoiles de faible masse en fin de vie, si ce n'est que ce qui s'était étalé sur des dizaines de millions d'années dans l'autre cas se déroule ici en quelques minutes à peine, le temps pour ces neutrons et neutrinos de traverser l'ample enveloppe de l'étoile. Bien sûr, il y a bien peu de neutrons par rapport aux atomes disponibles, aussi seule une faible fraction de la matière stellaire participe au processus, mais un très grand nombre d'atomes différents sont produits. Tous les atomes possibles ? Pas vraiment. Tous peuvent être produits, mais dans des proportions qui baissent rapidement avec leur masse. Contrairement à ce qu'imaginait Fred Hoyle, le processus permet de fabriquer en quantités notables des noyaux jusqu'au zirconium, qui possède quarante protons. Au-delà, il se tarit, par manque de temps et surtout par manque de neutrons disponibles. Pour former les autres éléments, les étoiles vont devoir faire preuve de plus d'inventivité et même réveiller les morts.

À l'issue de la vie des étoiles ne restent que des cadavres stellaires : naines blanches pour les étoiles de masse faible à modérée, ou étoiles à neutrons, voire trous noirs pour les plus massives d'entre toutes. *A priori*, ce sont des astres inertes et isolés :

leur température interne est trop basse pour initier de nouvelles réactions nucléaires, et en tout état de cause, leur intense champ de gravité les empêche de rendre la moindre parcelle de matière au milieu interstellaire. Sauf que les étoiles se forment en groupe, comme on va le voir dans le prochain chapitre, et elles se retrouvent aussi souvent en couple que célibataires. Chez nous autres humains, les couples sont censés se former « jusqu'à ce que la mort les sépare », mais pour les étoiles, ils sont souvent liés pour l'éternité. Et dans le temps infini qui s'étend après leur mort, il peut arriver que deux cadavres stellaires spiralent l'un vers l'autre, la faute à une facétie des lois de la gravitation qui dit que deux objets en orbite l'un autour de l'autre vont, quelle que soit leur nature, perdre un peu d'énergie du simple fait de leur déplacement et se rapprocher lentement. Souvent ce rapprochement est tellement lent qu'il est totalement négligeable, mais il arrive que les objets se trouvent suffisamment proches l'un de l'autre dès le départ ou à la suite de leur évolution pour que cet effet les amène à se rejoindre puis entrer en collision en quelques milliards d'années, voire moins. Quand deux naines blanches se heurtent, leur vitesse relative avoisine les 10 000 kilomètres par seconde. La violence du choc est telle que l'échauffement qui en résulte provoque une explosion thermonucléaire globale de l'ensemble. En une fraction de seconde, c'est l'ensemble des deux cadavres stellaires qui s'embrase. En général principalement composés de carbone et d'oxygène, ils vont être le théâtre du plus violent emballement de réactions nucléaires qui puisse se concevoir, fabriquant quantité d'éléments plus massifs comme le calcium, le titane, le chrome, le fer ou le nickel. La brutalité du phénomène est telle que rien ne survit à la collision. Toute la matière, sans exception, est expulsée à très haute vitesse et enrichit le milieu interstellaire. En termes d'énergie libérée, ce phénomène n'a rien à envier à celui de supernova, évoqué plus haut, et il est également qualifié ainsi. Afin de différencier avec les autres supernovæ déjà évoquées, on parle ici de supernova thermonucléaire pour signifier que le moteur relève de la physique nucléaire et non d'un effondrement gravitationnel comme dans le cas précédent.

Pour les mêmes raisons, il peut arriver que ce soient deux étoiles à neutrons qui entrent en collision. Cela se produit de façon encore plus exceptionnelle du fait que ces astres sont bien plus rares que les naines blanches, leurs étoiles progénitrices étant plus rares (je donnerai bientôt quelques chiffres), mais le spectacle est d'une brutalité inouïe. Deux étoiles à neutrons ne se heurtent pas à 10000 kilomètres par seconde comme dans le cas précédent, mais à largement plus de 200000. La violence du choc est incomparablement plus grande mais, paradoxalement, un astre survit à cette collision : le champ de gravité des deux étoiles à neutrons est tel que l'astre qui en résulte conserve le gros de la matière des deux étoiles à neutrons. Quelle est sa nature ? On ne sait pas exactement. Peut-être est-ce une étoile à neutrons particulièrement massive, autant que 2,7 fois le Soleil, ou alors est-ce un trou noir. Ce qui importe, c'est que quelques pourcents de la masse des deux étoiles à neutrons sont expulsés à une vitesse faramineuse. Ils sont principalement composés de neutrons, mais présentent des traces de fer, qui vont servir de noyau de condensation à ces neutrons. En quelques secondes, le processus de capture de neutrons, qui prenait tant de temps dans les étoiles de faible masse, permet de fabriquer à peu près tous les noyaux possibles et imaginables, jusqu'au plomb et même l'uranium. Ces collisions d'étoiles à neutrons sont rarissimes. On estime qu'il ne s'en produit pas plus de quelques-unes en cent millions d'années dans notre Galaxie. C'est peu, ce qui explique la rareté de tous les éléments chimiques qui sont majoritairement produits par elles comme l'or, déjà évoqué, le platine ou l'uranium. Mais c'est aussi suffisant pour ensemencer l'ensemble de notre Galaxie, les débris de l'explosion étant expulsés à grande vitesse et se mélangeant au reste du milieu interstellaire en quelques dizaines ou centaines de millions d'années.

Poussières d'étoiles

Nous sommes donc des « poussières d'étoiles », selon l'expression poétique née dans le courant des années 1960 et popularisée en France par Hubert Reeves (né en 1932). Combien exactement d'étoiles et autres cadavres stellaires ont contribué à former la matière dont la Terre et nous-mêmes sommes composés ? Difficile de le savoir par des mesures directes. Les atomes sont des objets qui n'ont pas de mémoire. Sauf s'il est radioactif et doté d'une espérance de vie limitée, impossible de savoir si tel ou tel atome a été fabriqué hier ou il y a des milliards d'années. Les modèles de formation et d'évolution des étoiles incitent à penser que ce sont des dizaines et des dizaines d'astres qui ont, dans les neuf milliards d'années qui ont précédé la naissance du Soleil, chacun fabriqué une infime fraction des atomes dont nous sommes composés. Nous faisons ainsi partie, non pas en tant qu'êtres vivants mais en tant que matériaux du Système solaire, d'un cycle stellaire commencé peu après la naissance de l'Univers et qui se poursuivra encore des milliards d'années, et c'est logiquement au détail de la formation des étoiles que l'on va s'intéresser dans le prochain chapitre.

CHAPITRE 4

LE VRAI COMMENCEMENT

Pour les Anciens, la genèse de la Terre et de la matière se confondait avec celle de l'Univers. En Occident, le récit le plus connu de la création du monde est celui de l'Ancien Testament. Les choses y sont créées telles quelles au gré de la volonté ou des besoins de l'entité créatrice, Dieu. Le premier chapitre de la Genèse raconte l'histoire avec une grande concision (moins de 1000 mots !) mais aussi des redites dans le chapitre suivant qui se contredisent parfois. D'après les auteurs, « au commencement », c'est d'abord la Terre qui est créée le premier jour, suivie de la lumière sans que la source de celle-ci ne soit précisée. Viennent ensuite lors du second jour l'eau terrestre et l'atmosphère, ou en tout cas les nuages. Le troisième jour est consacré au façonnage des continents et surtout de la vie végétale terrestre, et ce n'est que lors du quatrième jour que sont créés simultanément la Lune, le Soleil et les étoiles. Suivent la vie animale maritime et les oiseaux le cinquième jour et, cerise sur le gâteau, l'homme le sixième jour, ainsi qu'« une aide qui lui correspondra », c'est-à-dire la femme puisque, nous précise le second chapitre de la Genèse, aucun des animaux que Dieu crée alors pour tenir compagnie à l'homme ne lui apporte cette aide.

Aussi fondateur que soit ce texte pour notre culture, il n'est en rien novateur. Dans le monde grec, la genèse du monde a été racontée par Hésiode, poète qui vécut probablement aux alentours de l'an –700. Dans sa *Théogonie*, il raconte la genèse des dieux eux-mêmes, et avant cela celle du monde. Il y a d'abord le Chaos, concept qui décrit le néant originel. Puis apparaît Gaia, c'est-à-dire la Terre, « résidence à jamais inébranlable de tous les êtres », et ensuite Éros (l'Amour), « le plus beau des dieux immortels ». Gaia engendre d'abord Ouranos, le ciel étoilé, puis les Montagnes. Chaos engendre de son côté Érèbe et Nyx, qui personnifient respectivement l'obscurité et la nuit. La dernière nommée engendre ensuite Éther, le ciel supérieur, et Hémèra, le jour. Les deux frère et sœur s'unissent pour donner naissance à Thalassa, divinité qui personnifie la mer... Si la suite est assez différente du récit biblique, on voit que l'ordre dans lequel se fait l'agencement originel n'y est pas très différent. On retrouve aussi de nombreuses similitudes entre le récit d'Hésiode et ceux, plus anciens, d'origine mésopotamienne. Rien de surprenant à cela : cela fait longtemps qu'anthropologues et ethnologues ont remarqué que des populations parfois très distantes et longtemps séparées géographiquement possèdent des mythes remarquablement similaires. Ainsi, dès la fin du XIXe siècle, le Français Charles-Félix-Hyacinthe Gouhier (1832-1916) observe que les Indiens iroquois possèdent des légendes rappelant étrangement le mythe grec d'Orphée. On en déduit que celui-ci est en réalité très ancien, plus en tout cas que le peuplement des Amériques par les premiers groupes humains, il y a plus de dix mille ans. L'étude des mythes anciens et de leur diffusion d'une culture à l'autre est un domaine de recherche à part entière, l'aréologie, discipline scientifique des plus fascinantes au confluent de la génétique, de la paléontologie et de l'ethnologie.

Fantasmes de l'origine

Disons que tous ces récits, et le fait qu'ils s'influencent les uns les autres, révèlent une volonté de produire un discours sur les origines, de proposer une explication à l'existence du monde, qui souvent se justifie par l'émergence d'un ordre à partir du désordre. Ce récit évolue au cours du temps : par exemple, le récit biblique introduit entre autres la présence d'une entité unique, grande architecte de la Création. Mais cela ne change pas radicalement d'une civilisation à la suivante car une telle narration tire une forme de légitimité de celles qui l'ont précédée. Tellement ancrées dans les cultures successives qui vont les porter, elles vont acquérir un bien-fondé et une forme d'infaillibilité. De fait, au XVIIe siècle, l'historicité du récit biblique n'est guère mise en doute au point que savants comme religieux vont tenter d'en établir une chronologie précise. Le généalogiste le plus connu dans ce domaine est l'abbé anglican James Ussher (1581-1656), qui établit vers 1650 que le monde aurait été créé au mois d'octobre de l'an -4004, Ussher se chargeant de préciser le jour du mois (le 23) et presque l'heure de la création (vers midi). Si l'on s'amuse à évaluer la précision de l'âge de l'Univers selon Ussher, à savoir quelques heures sur une durée de cinq mille six cent cinquante ans à l'époque, on obtient quelque chose qui frise les 0,00001 %. Cette précision... astronomique vaut de nos jours bien des moqueries à James Ussher, une attitude qui a un côté injuste car non seulement il n'est pas le premier à avoir proposé une telle chronologie – il fut devancé d'une petite décennie par son compatriote John Lightfoot (1602-1675) – mais surtout il est loin d'être le plus illustre à s'être adonné à l'exercice, ayant par la suite été rejoint par quelques grands noms des sciences comme Kepler ou Newton, qui trouvèrent des résultats très similaires*.

On peut reconnaître au récit biblique, comme à de nombreux autres, la volonté d'une structuration progressive du monde, l'intuition de l'émergence d'un ordre à partir d'un chaos originel. Du néant est créée la Terre qui va peu à peu être façonnée pour que la vie s'y développe. Mais cela mis à part, la cohérence logique du propos n'est pas évidente et la chronologie des étapes semble arbitraire. Pourquoi par exemple créer la lumière avant les sources de lumière que sont le Soleil et les étoiles ? Mais pourquoi pas, pourrait-on répondre : après tout, il faudra attendre de nombreux siècles pour que la science y voie plus clair. Car tout aussi universelle qu'elle soit, la question des origines est surtout très complexe.

Et la Raison fut !

Aborder scientifiquement la question des origines est difficile à bien des égards. Se dégager d'une volonté

* Le premier nommé date l'instant de la Création à l'an –3993, le second à –3998.

divine suppose de remplacer cette volonté par autre chose, à savoir l'existence de lois qui régissent les phénomènes. Hélas, ce sont bien des phénomènes qui interviennent dans la naissance des étoiles et de leurs cortèges planétaires. Sans la prise en compte de tous ces processus, impossible d'en avoir une vision globale, aussi les premières tentatives étaient-elles vouées à l'échec. Elles possèdent cependant bien des mérites, comme le fait de s'affranchir d'une volonté divine, avec les risques que cela pouvait représenter à l'époque.

Le premier savant à tenter d'aborder la question de l'origine et l'évolution du Système solaire – et donc de l'Univers, selon les connaissances de l'époque – est le Français René Descartes (1596-1650). Vers 1630, il commence à échafauder une théorie où l'espace n'est pas vide mais composé d'un fluide, l'éther, qui emporte avec lui la matière. Ce fluide tourbillonne autour de tel ou tel astre, ce qui explique que la Lune tourne autour de la Terre ou la Terre autour du Soleil. Les travaux de Descartes ne sont en rien quantitatifs. Ils ne prétendent pas retrouver la régularité des orbites planétaires trouvées par Kepler. Néanmoins, ils sont les premiers à rechercher une cause première aux mouvements des astres, là où ses prédécesseurs s'étaient jusqu'alors contentés de décrire les mouvements sans se préoccuper de réfléchir à ce qui en était le moteur.

Les idées de Descartes furent balayées par les travaux d'Isaac Newton qui, en publiant ses lois de la gravitation, présentait lui aussi une description unifiée des mouvements des astres. En prime, celle-ci était testable à chaque nouvel astre découvert, par exemple les comètes, comme la très spectaculaire comète de 1680 qui illumina le ciel européen à l'automne de cette année-là. Néanmoins, certaines idées de Newton causèrent une petite régression dans l'appréhension du problème. Pour l'illustre savant anglais, les planètes avaient été conçues telles quelles par le Créateur et le Système solaire n'avait pas de raison d'évoluer. L'âge du Système solaire était donc une variable sans intérêt. Qu'il soit vieux de cinq mille sept cents ans ou d'un million d'années ne changeait rien: un monde immuable n'a, en pratique, pas d'âge. Pour revenir à la notion d'évolution ébauchée par Descartes, il faudra attendre quelques décennies. Le Français Georges-Louis Leclerc de Buffon (1707-1788) remet au goût du jour l'idée d'évolution et surtout d'origine commune aux planètes. Il est le premier à faire remarquer qu'il est surprenant que toutes les planètes tournent autour du Soleil suivant des plans presque confondus. Si elles avaient toutes une origine différente, pourquoi donc seraient-elles contenues dans le même plan ? Difficile en revanche pour Buffon de relier l'origine du Soleil et des planètes. Il imagine que le Soleil a été créé en premier, puis un événement majeur a présidé à l'origine de la formation simultanée des planètes. En ce temps-là, le Système solaire ne comporte pas grand-chose : le Soleil, les six planètes connues à l'époque, plus quelques comètes, dont certaines ont été particulièrement spectaculaires. Il n'y a rien d'autre et, dans ce maigre zoo, les comètes sont un élément perturbateur aux fortes potentialités. Leur trajectoire les amène en alternance très près et très loin du Soleil et, comme certaines comètes passent dangereusement près de notre étoile, pourquoi ne pas imaginer que certaines entrent en collision avec lui ? Or, dans l'esprit des gens de l'époque, la nature des comètes est des plus mystérieuses. Personne ne connaît leur taille ou leur masse. Mais on sait que l'imposante chevelure de certaines s'étend sur des millions et des millions de kilomètres. Comment dans ce cas imaginer que les plus grosses dépassent rarement la dizaine de kilomètres de diamètre ? Pour Buffon et nombre de ses contemporains, les comètes sont bien plus imposantes et bien plus massives. Buffon se fonde entre autres sur la spectaculaire comète apparue dans le ciel à l'automne 1680, évoquée il y a quelques lignes. Découverte le 14 novembre de cette année par l'astronome allemand Gottfried Kirch (1639-1710), la comète est devenue intensément brillante à mesure qu'elle s'approchait du Soleil, qu'elle a frôlé à moins d'un million de kilomètres de distance le 18 décembre. Cette approche ne la détruisit pas, au contraire elle fut suivie d'une augmentation de sa luminosité au point que la comète fut visible en plein jour, atteignant le faîte de son éclat le 29 décembre. Pour Buffon, un tel prodige ne peut s'expliquer que par un objet de taille considérable (afin d'expliquer sa spectaculaire chevelure) et de densité très élevée, seule à même selon lui de résister à l'intense chaleur reçue du Soleil lors de son passage rapproché auprès de celui-ci. Buffon estime possible que la masse de la comète atteigne vingt-huit mille fois celle de la Terre, soit bien plus que l'ensemble des planètes réunies, dont la masse cumulée se monte à quelques centaines de masses terrestres à peine. Surtout, le savant voit dans ces imposantes mensurations une hypothèse qui semble fort réaliste pour l'origine des planètes : celles-ci auraient été formées par une collision titanesque entre une comète géante et le Soleil, la première arrachant au second d'importantes quantités de matière qui peu à peu se seraient agencées en plusieurs astres de taille et de masse variables, les planètes. De telles collisions n'ont, à l'évidence, rien de rare : si de mémoire humaine une grosse comète est passée à moins d'un million de kilomètres du Soleil, soit une distance d'approche inférieure à son diamètre, il est facile d'imaginer qu'une collision ait effectivement pu avoir lieu par le passé, surtout si celui-ci est lointain.

À l'inverse, d'autres scientifiques du XVIIIe siècle imaginent une formation conjointe de l'ensemble du Système solaire. Le plus connu est Pierre-Simon Laplace (1749-1827), mathématicien et astronome français. Dans un monumental ouvrage en plusieurs tomes intitulé *Exposition du système du monde*, il aborde la possibilité que l'ensemble du Système solaire se soit formé à partir d'un vaste disque de matière dont la partie centrale se serait effondrée pour former le Soleil alors que les parties périphériques auraient formé les planètes. Le propos de Laplace, mathématicien par ailleurs rigoureux, n'est pas étayé de beaucoup de calculs. C'est, disons, un scénario, un fil conducteur, qui envisage la simultanéité de la formation de notre environnement cosmique. En réalité, Laplace n'est pas le premier à proposer une idée de cette veine. Quelques décennies avant lui, le philosophe allemand Emmanuel Kant (1724-1804) avait évoqué, sans le moindre calcul à l'appui, l'idée d'une nébuleuse primitive, tout comme un chercheur de l'université de Montpellier dont les travaux furent longtemps oubliés, Pierre Estève (1720-1790), qui avait publié dès 1748 un ouvrage intitulé *Origine de l'Univers, expliquée par le principe de la matière*. Laplace n'est donc pas le premier inventeur de l'idée, mais il est fort possible qu'il l'ait trouvée indépendamment de ses prédécesseurs. Surtout, ces derniers ne faisaient qu'émettre une hypothèse générale et non un scénario construit. Rien de surprenant à cela, d'ailleurs: ni Kant, ni Estève n'étaient des physiciens ou des mathématiciens, ce qui les empêchait de donner chair à leurs idées et d'avoir quelque espoir de convaincre leurs contemporains. Ainsi, dans un échange sans doute daté aux alentours de 1750, le mathématicien suisse Gabriel Cramer (1704-1752) évoque en ces termes les idées d'Estève: «Votre jeune homme de Montpellier a bien de l'esprit, mais il me semble qu'il lui faut encore de la géométrie, et surtout de la mécanique. Je crois avoir remarqué quelques fautes contre l'une et contre l'autre. Puisqu'il est si jeune, il faut croire que cela viendra, et qu'il fera un jour un illustre, surtout s'il peut se transporter à Paris pour y jouir de votre conversation.» Son correspondant, le célèbre astronome Alexis Clairaut (1713-1765), également mathématicien de premier plan*, acquiesce : « Je pense comme vous mon cher Monsieur sur le compte du jeune mathématicien de Montpellier. Et j'avois remarqué aussi quelques fautes tant de géométrie que de mécanique. En parlant des orbites des planètes je me souviens par exemple de quelques ignorances sur les principales propositions de Newton. [...] Mais le total du livre montre de l'esprit et je ne doute pas que l'auteur ne devint un grand [sujet] s'il etoit à Paris où à Londres ou dans tout autre lieu où l'émulation et les secours ne laissent pas enfouir les talens. » Du talent, Laplace en a à revendre. Il a amélioré certains aspects de la formulation des lois de la gravitation édictée par Newton. Il a aussi jeté les bases d'une discipline nouvelle des mathématiques promise à un grand avenir : les statistiques. Aussi, quand il propose l'idée d'une « nébuleuse primitive », tout le monde y porte attention même si l'idée n'est pas étayée par beaucoup de calculs. Son *Exposition du système du monde* se veut en effet une synthèse de tous les résultats connus concernant la structure des

* Entre autres accomplissements, Alexis Clairaut, mathématicien très précoce, a rédigé à l'âge de 16 ans un remarquable mémoire qui, publié deux ans plus tard, lui valut d'être élu à l'Académie des sciences. Il dut à cette occasion bénéficier d'une dérogation car, en raison de son très jeune âge, il n'était réglementairement pas éligible à cette prestigieuse institution.

objets du Système solaire, depuis l'aplatissement des planètes sous l'effet de leur rotation jusqu'à la détermination de la masse des satellites de Jupiter déduite de leurs subtiles interactions mutuelles, en passant par l'influence du Soleil sur le mouvement de la Lune. C'est donc un résumé des connaissances de l'époque, à l'exception d'un unique passage. Le cinquième et dernier tome de l'*Exposition* est consacré à l'histoire de l'astronomie. À l'issue du dernier chapitre, Laplace y ajoute quelques « notes », c'est-à-dire des annexes. Et c'est dans la toute dernière d'entre elles, la « note VII et dernière », qu'il se hasarde à évoquer ce qui n'est pas, contrairement au reste de son œuvre, un résultat, mais une hypothèse, une piste de travail, à propos de l'origine du Soleil et de ce qui l'entoure : « Dans l'état primitif où nous supposons le Soleil, il ressemblait aux nébuleuses que le télescope nous montre composées d'un noyau plus ou moins brillant, entouré d'une nébulosité qui, en se condensant à la surface du noyau, le transforme en étoile. Si l'on conçoit, par analogie, toutes les étoiles formées de cette manière, on peut imaginer leur état antérieur de nébulosité précédé lui-même par d'autres états dans lesquels la matière nébuleuse était de plus en plus diffuse, le noyau étant de moins en moins lumineux. On arrive ainsi, en remontant aussi loin qu'il est possible, à une nébulosité tellement diffuse, que l'on pourrait à peine en soupçonner l'existence.» Pour Laplace, le Soleil est issu d'un nuage de gaz qui, à un moment donné, peut devenir chaud et suffisamment pour être brillant et former une de ces nébulosités que l'on voit dans le ciel, à l'époque appelées «nébuleuses spirales». Personne ne se doute à l'époque qu'il s'agit en réalité de galaxies, c'est-à-dire d'objets extérieurs à la Voie lactée et qui sont d'une taille et d'une masse considérables. Pour Laplace, ce sont à l'inverse des objets relativement proches et de faible extension spatiale. En se refroidissant, ce nuage de matière se contracte, ce qui augmente sa rotation suivant l'effet bien connu de la patineuse qui tourne d'autant plus vite sur elle-même qu'elle ramène ses bras le long de son corps. Mais ce faisant, ses parties périphériques sont entraînées à une vitesse telle qu'elles ne sont plus assez retenues par la force de gravitation. Le proto-Soleil perd donc par bouffées des anneaux de matière qui, les uns après les autres, vont se condenser en planètes. Laplace imagine que les anneaux de Saturne sont un exemple à plus petite échelle de ce même processus, qui cette fois n'est pas encore terminé.

Laplace n'inclut pas de calculs pour étayer ses idées, juste quelques considérations sur les orbites des comètes, planètes et satellites qui pourraient s'influencer les unes les autres pour reproduire les caractéristiques observées. C'est peu bien sûr, mais fascinant. Tout imprécis qu'il soit, le bref texte de Laplace produit aussi un événement fondateur pour la science. La première édition de l'*Exposition du système du monde* paraît en 1796. Quelques années plus tard, Laplace se voit convoqué par Napoléon Bonaparte lui-même, qui l'apostrophe en des termes possiblement virulents : « Monsieur de Laplace, je ne trouve pas dans votre système mention de Dieu », aurait dit le futur Empereur, ce à quoi le savant aurait répondu une phrase amenée à rester célèbre : « Sire, je n'ai pas eu besoin de cette hypothèse. » Et de rajouter, à l'appui de cette réponse lapidaire : « Cette hypothèse, Sire, explique en effet tout, mais ne permet de prédire rien. En tant que savant, je me dois de vous fournir des travaux permettant des prédictions. » Il n'existe pas de témoins directs de cet épisode qui fut rapporté bien des années plus tard par François Arago, aussi peut-être est-il apocryphe, ou en tout cas romancé, au point qu'il existe plusieurs versions de l'échange*. Mais il n'en est pas moins révélateur.

---

* Cette anecdote reste cependant plausible car Laplace et Napoléon se connaissaient de longue date : en 1785, Laplace était un des examinateurs du Corps-Royal d'artillerie et avait été très impressionné par les aptitudes en mathématiques du jeune

S'intéresser aux origines devient peu à peu un sujet scientifique presque comme un autre, dans lequel la méthode scientifique et l'application de lois physiques bien déterminées par ailleurs n'ont pas de raison de ne pas être mises en œuvre ou de s'effacer devant un mystère qui nous serait par essence inaccessible. Un sujet scientifique *presque* comme un autre, cependant, parce que les enjeux de pouvoir et d'influence sont toujours présents. Qu'ils soient religieux ou, désormais, scientifiques, ceux qui parviennent à convaincre qu'ils détiennent une forme de vérité au sujet d'une question aussi fondamentale sont des gens influents et, pour un pays, affirmer qu'il a résolu cette énigme apporte un prestige certain. Durant tout le XIXe siècle vont ainsi s'affronter les écoles française et anglaise, la première reprenant la théorie de Laplace, la seconde celle de Buffon, non sans une adaptation : ce n'est plus la collision avec une comète qui a soustrait de la matière au Soleil, mais le passage très rapproché d'une étoile qui, sans même une collision, a arraché un filament de matière à notre étoile. Cette lutte d'influence migrera ensuite vers d'autres

---

candidat Bonaparte, alors âgé de 16 ans. Douze ans plus tard, il donna un avis favorable à ce que Napoléon devienne membre de l'Académie des sciences, une nomination très politique.

contrées : au XXe siècle, ce sera une concurrence américano-soviétique qui dominera certains aspects de la formation du Système solaire. Mais avant cela, il faut trouver l'élément qui détermine qui des Français ou des Anglais va sortir vainqueur.

L'hypothèse de Laplace présente de nombreuses failles. Par exemple, il n'y a pas de raison que l'éjection de matière forme des anneaux qui ensuite se condensent un à un en des planètes. Une éjection continue de matière est à cet égard au moins aussi plausible. Mais, côté anglais, l'hypothèse « catastrophiste » d'un événement ayant arraché de la matière au Soleil n'est guère plus étayée. Elle sera peu à peu perfectionnée au cours du XIXe siècle… tout comme le seront les arguments qui la critiquent. Le coup de grâce viendra dans les années 1930. C'est l'Américain Lyman Spitzer (1914-1997) qui, en 1939, apporte l'argument décisif : la matière arrachée au Soleil est peu massive et très chaude. Son champ de gravité est donc faible, mais sa pression élevée, bien trop pour qu'elle puisse se condenser en un ou plusieurs corps de petite taille qui deviendront des planètes. Arracher de la matière à une étoile produira au mieux une atmosphère étendue autour de celle-ci, pas des condensations planétaires. Au même moment, un autre argument complètement différent en provenance de la physique nucléaire achève d'invalider l'hypothèse catastrophiste : le deutérium. Celui-ci, on l'a bien vu au chapitre précédent, est fragile. Il est détruit à partir de quelques centaines de milliers de degrés. Or, si la surface de notre étoile bouillonne, c'est la preuve de mouvements de matière qui proviennent de son intérieur. En conséquence, tout deutérium qui se serait trouvé en surface du Soleil à sa formation a inlassablement plongé dans ses entrailles avant de retourner à sa surface maintes et maintes fois, et aura été détruit depuis belle lurette. Le Soleil ne contient donc pas, ou plus, de deutérium depuis aussi longtemps qu'il existe. Un événement ultérieur à sa formation qui lui aurait arraché de la matière aurait vu celle-ci dépourvue de deutérium. Or le deutérium existe sur Terre, certes à l'état de trace, dans l'eau. Peu importe que l'abondance de deutérium soit faible, ce qui compte, c'est qu'elle ne soit pas nulle. Si l'eau terrestre était issue, comme tout autre constituant de la Terre, d'une collision avec le Soleil, alors celle-ci devrait être totalement dépourvue de deutérium. Découverte après maints efforts, en 1931, par le chimiste américain Harold Urey (1893-1981) dans l'eau terrestre, la présence de deutérium sera peu à peu établie partout dans le Système solaire, hormis le Soleil lui-même, prouvant par là même que planètes, comètes et astéroïdes sont issus d'un milieu froid et non chaud, ce qui donne définitivement raison à l'hypothèse de Laplace. C'est donc assez logiquement qu'on utilisera désormais l'expression « nébuleuse de Laplace » pour décrire l'objet ayant précédé la formation plus ou moins simultanée du Soleil et des planètes, avant que « nébuleuse protosolaire » ne s'impose peu à peu. Reste à comprendre le détail du processus, mais celui-ci étant fort complexe, c'est à une autre question, tout aussi fondamentale mais plus simple, à laquelle les scientifiques vont trouver la réponse, celle de l'âge de la Terre et du Soleil.

La prise de conscience des temps longs

Indépendamment de la question de la formation du Système solaire, se pose aussi celle de son âge, longtemps confondu avec l'âge de l'Univers tant ce dernier était réduit au premier. La question de l'âge de l'Univers ne se posait pas dans la mesure où un objet qui n'évolue pas au cours du temps n'a pas d'âge : peu importe qu'il ait été créé hier ou il y a des milliards d'années s'il est demeuré le même au cours des temps possiblement immémoriaux qui se sont écoulés depuis sa formation. À ce jeu, c'est l'imagination de chacun qui fixait les échelles de temps. Dans le monde chrétien, la chronologie de la Bible est assez brève. D'après la Genèse, les premières générations d'humains sont dotées d'une étonnante longévité – huit ou neuf siècles en général – et acquièrent leur descendance alors qu'elles sont déjà âgées de plus d'un siècle. Il ne s'est pas écoulé beaucoup de générations entre la Création et certains personnages historiques, aussi l'intervalle de temps qui s'écoule entre la « naissance » d'Adam et Ève, et celle de Jésus n'est que de quatre mille ans environ, comme l'avaient établi Ussher et quelques autres. C'est donc un Univers fort jeune qui est proposé dans le cadre biblique, un récit qui est d'ailleurs peut-être plus près de sa fin que de son commencement : à partir de la Renaissance, les théologiens qui s'intéressent à la question estiment qu'il ne s'écoulera même pas mille ans d'ici l'Apocalypse, qui n'est pas une catastrophe comme on le pense de nos jours, mais la Révélation finale.

Dans d'autres civilisations, ce sont en revanche des durées bien plus grandes qui sont envisagées. Chez les Mayas, différentes échelles de temps sont présentes, la suivante étant souvent vingt fois plus étendue que la précédente : les jours sont groupés par vingt pour former un *uinal*, qui par groupes de dix-huit forment approximativement une année, ou *tun*, long de trois cent soixante jours. Viennent ensuite le *katun*, de vingt fois trois cent soixante jours, puis le *baktun*, vingt fois plus long (environ quatre cents ans), suivi du *pictun* (presque huit mille ans) et ainsi de suite jusqu'au *hablatun*, qui dépasse le milliard d'années. Et que dire du monde hindou, dans lequel sont différenciées deux échelles de temps : celui des humains et celui du dieu Brahma. Un siècle de vie humaine correspond à un millième de seconde du temps de Brahma, lui-même doté d'une espérance de vie d'un siècle dans son propre référentiel de temps. Une année correspondant à environ 30 millions de secondes, un siècle représente environ 3 000 milliards de millièmes de secondes, aussi la vie de Brahma – un siècle dans son référentiel de temps – avoisine-t-elle 3 000 milliards de siècles ou 300 000 milliards d'années en temps terrestre. L'Univers pourrait donc en théorie être vieux d'autant, ou éventuellement être doté d'une telle espérance de vie.

Aborder la question de l'âge de la Terre d'un point de vue scientifique est doublement difficile : il faut disposer d'un chronomètre naturel et surtout s'affranchir de ses propres préjugés, qu'ils soient culturels ou religieux. Ce chronomètre, c'est le naturaliste Buffon qui pense le trouver le premier. La grande œuvre de Buffon est sa monumentale *Histoire naturelle*, publiée en plusieurs tomes à partir des années 1740 et jusqu'à sa mort. Ce que l'on connaît le plus, c'est la description du monde du vivant qu'il y fait. Douze tomes sont consacrés aux quadrupèdes, neuf aux oiseaux, auxquels s'ajoutent cinq tomes dévolus aux minéraux. Après sa mort, d'autres tomes seront publiés à partir des notes écrites de son vivant: deux sur les reptiles, cinq sur les poissons et un sur les cétacés. Ce vaste ensemble est précédé de trois tomes introductifs présentant la Terre elle-même et l'histoire du monde du vivant telle qu'on l'imagine à l'époque. C'est dans le premier de ces trois tomes qu'il a par exemple évoqué l'hypothèse catastrophiste de la formation des planètes à la suite de la collision avec une gigantesque comète, ou le fait que la régularité des orbites planétaires plaide pour qu'elles aient une origine commune. Mais jusque-là, la discussion de Buffon était purement qualitative. À partir de 1774, soit plus d'un quart de siècle après la parution des premiers tomes, il publie sept *Suppléments* qui étendent les discussions des trois premiers tomes. Deux d'entre eux concernent l'histoire de la Terre. Dans le premier, il tente d'évaluer l'âge de la Terre, dans le cinquième, il propose de donner un sens scientifique rigoureux au récit biblique de la création du monde.

En cette seconde moitié du XVIIIe siècle, on sait déjà que l'intérieur de la Terre est chaud: le volcanisme, le fait que la température au fond des mines augmente avec la profondeur, tout porte à croire que la température est bien plus élevée au centre de notre planète qu'en surface, aussi Buffon imagine-t-il qu'elle était un objet chaud à sa formation, exactement comme le Soleil, dont elle est d'ailleurs peut-être issue, comme il l'a proposé un quart de siècle plus tôt. Et si, contrairement à notre étoile, encore très chaude en surface, notre planète s'est refroidie depuis, c'est parce que sa petite taille ne lui a pas permis de garder efficacement sa chaleur initiale. Autrement dit, la Terre évolue, sous l'influence d'un processus irréversible qu'est son refroidissement : l'influence divine, si elle existe, est reléguée aux premiers instants. Ce qu'il se passe ensuite est dicté par des lois physiques.

Pour déterminer l'âge de la Terre, il suffit, semble-t-il, de déterminer le temps de refroidissement d'un objet aussi gros que notre planète et qui aurait été initialement chaud. Mais chaud jusqu'à quel point ? Buffon fait l'hypothèse d'un objet qui aurait été en fusion au départ, puis qui se serait solidifié. Déterminer l'âge de la Terre relève donc d'un problème de transfert thermique, une discipline physique à part entière qui hélas n'existe pas encore du temps de Buffon. Qu'à cela ne tienne, si les calculs ne permettent pas de prédire quoi que ce soit, l'expérience, elle, va peut-être y parvenir. Le hasard fait que Buffon a hérité par sa mère d'une forge située en Bourgogne. Il y conduit depuis quelque temps diverses expériences, à la fois en tant que scientifique, mais aussi pour le compte de l'armée : fabriquer des boulets de canon qui ne se brisent pas au moment de la mise à feu représente un enjeu stratégique certain en ces temps où les pays européens guerroient régulièrement. C'est donc avec des boulets de canon qu'il va tenter l'expérience. Il part de dix boulets dont les diamètres vont croissant d'un demi-pouce à cinq pouces, sachant qu'en France, un pouce vaut à l'époque dans les 2,7 de nos centimètres actuels*. Ensuite, il les chauffe à blanc et mesure leur temps de refroidissement, puis essaie de déterminer, de façon purement empirique, la loi qui relie le diamètre des boulets au temps de refroidissement. Y a-t-il quelque chose qui décrit la taille des boulets de canon qui soit proportionnel au temps de refroidissement ? Est-ce le rayon du boulet de canon ? Ou alors sa surface, où

* Les unités de poids et de mesure n'étaient en ce temps-là pas les mêmes d'un pays à l'autre ni même d'une ville à l'autre. Le pouce français, égal à un douzième du « pied du Roy », était donc différent du pouce anglais, de 2,54 cm. Voir *Pourquoi la Terre est ronde*.

se produisent les déperditions de chaleur ? À moins que ce ne soit son volume, proportionnel à la masse à refroidir ? Buffon n'en sait rien et jette son dévolu sur le rayon, en rejetant au passage des idées de Newton sur le sujet. Les temps de refroidissement observés ne suivent pas une loi linéaire en fonction du rayon, mais Buffon se convainc qu'une approximation affine convient. Ce terme signifie que le temps de refroidissement semble être décrit par une loi de proportionnalité à laquelle on soustrait une quantité constante. En l'occurrence, Buffon observe que le temps de refroidissement jusqu'à température ambiante d'un boulet de N demi-pouces de diamètre est d'approximativement $54\,N - 15$ minutes. Il applique ensuite gaillardement la formule en prenant pour N la valeur du diamètre terrestre exprimé en demi-pouces (environ 940 millions), et trouve 51 milliards de minutes, soit 95 000 ans, un chiffre que Buffon transforme immédiatement, en invoquant divers arguments assez discutables, en 74 000 ans.

Il y aurait évidemment bien des critiques à émettre sur le raisonnement de Buffon, dont lui-même est conscient qu'il présente de nombreuses failles. Le temps de refroidissement dépend du matériau utilisé, fait-il remarquer, tout comme il a des chances de dépendre de ce qui environne la Terre.

Notre planète, plongée dans le vide spatial, ne se refroidit peut-être pas au même rythme qu'un boulet de canon entouré de l'air ambiant – c'est d'ailleurs là une des raisons qui le font passer du chiffre de 95 000 à 74 000 ans. Mais l'essentiel est ailleurs : il existe probablement des méthodes scientifiques pour évaluer l'âge de la Terre et du reste de l'Univers, et, surtout, tout porte à croire que la brièveté de la chronologie biblique est intenable.

Buffon poursuivra ensuite ses réflexions dans le cinquième *Supplément.* Il va y proposer non plus un simple âge mais une chronologie détaillée de ce que pourrait être l'histoire de la Terre, en se fondant sur des faits que l'on peut qualifier d'objectifs… et sur les textes sacrés car qui dit création de la Terre dit aussi, à cette époque, création divine. Buffon craint de marcher sur des œufs, à moins qu'il ne sache déjà que c'est le cas : après tout, il a déjà choqué bien de ses contemporains en affirmant que l'Homme fait partie du règne animal, ce qui n'est pas vraiment compatible avec le discours religieux qui nous place prétentieusement au-dessus. Ce cinquième *Supplément* paraît en 1778. Nous sommes alors plusieurs décennies avant l'*Exposition du système du monde* de Laplace et son célèbre « Je n'ai pas eu besoin de cette hypothèse ». Buffon sait qu'aborder scientifiquement une question qui relève jusque-là du seul domaine religieux n'est pas sans risque; aussi, dans le texte qu'il rédige, il se propose de partir des Saintes Écritures afin d'en tirer ce qu'il présente comme les «Époques de la Nature». Bref, il propose une exégèse appliquée mais par moments fort naïve de la Genèse pour essayer de lui donner un sens scientifique. Buffon croit-il à la pertinence de sa démarche? Il promet surtout d'agir ainsi non pas pour critiquer ce texte, mais pour mieux le mettre en valeur, pour lui donner plus de sens. «Je ne me suis permis cette interprétation des premiers versets de la Genèse, que dans la vue d'opérer un grand bien; ce seroit de concilier à jamais la science de la Nature avec celle de la Théologie. Elles ne peuvent, selon moi, être en contradiction qu'en apparence; & mon explication semble le démontrer.» Et d'ajouter, en guise de bonne foi et d'esprit d'ouverture: «Mais si cette explication, quoique simple & très-claire, paroît insuffisante et même hors de propos à quelques esprits trop strictement attachés à la lettre, je les prie de me juger par l'intention, & de considérer que mon système sur les Époques de la Nature étant purement hypothétique, il ne peut nuire aux vérités révélées, qui sont autant d'axiomes immuables, indépendans de toute hypothèse, & auxquels j'ai soumis & soumets mes pensées.» En somme, Buffon promet à ses inévitables et puissants détracteurs que, d'une part, il est de bonne foi et que, d'autre part, ce qu'il a tenté de faire dire aux Écritures n'est qu'une *hypothèse*, ce mot qu'un siècle et demi plus tôt l'Inquisition romaine avait tant reproché à Galilée de ne pas avoir mis en avant à propos de ses réflexions quant au mouvement de la Terre. On devine en creux que Buffon ne va pas indiquer le fond de sa pensée. Il enrobe, et sans doute édulcore, ses convictions personnelles dans l'illusion d'un travail théologique, qui va justifier qu'il puisse parler de science sur un tel sujet. «Il vaut mieux être plat que pendu», résumait Buffon à propos de la prudence avec laquelle il convenait de s'exprimer sur certains sujets. C'est sans doute aussi cette prudence, bien compréhensible, qui lui avait fait rajouter une illustration en introduction de son texte de 1749 sur la formation de la Terre: elle montrait Dieu en train de guider de sa main une comète géante vers le Soleil, celle-là même qui avait, proposait-il, donné naissance à la Terre. De même, dans des notes non publiées de son manuscrit de 1774, il laisse entendre que l'âge de la Terre se compte plus probablement en millions d'années, soit au moins quinze fois plus que le chiffre qu'il a publié. Buffon ne va donc pas au bout de son idée, mais ce n'est finalement pas si important: la science est une œuvre collective et ce qui est le plus précieux, c'est de savoir impulser une nouvelle direction de recherche qui sera peu à peu affinée par les générations futures. Avoir raison tout de suite n'est pas décisif, tant que l'on donne les moyens aux autres d'y parvenir. En tout état de cause, le monde religieux s'efface peu à peu du débat, sans trop de heurts : c'est à l'époque de Buffon, sous le pontificat du pape Pie VII (1800-1823), que l'Église catholique reconnaît que la chronologie de l'histoire du monde ne saurait être extraite des textes bibliques.

À partir de ce moment, l'affaire de l'âge de la Terre devient celle des physiciens et géologues qui, à partir de théories déjà bien testées par ailleurs ou de mesures sur le terrain, vont essayer de révéler le véritable âge du monde, et c'est même une âpre lutte entre ces deux communautés de scientifiques qui va émailler le XIXe siècle. Pour les premiers, la Terre est un objet scientifique comme un autre, soumis aux lois que l'on peut établir en laboratoire. Et ces lois semblent pouvoir dire beaucoup de choses. D'abord, on comprend que si les planètes, quel que soit leur mode de formation, sont issues d'un milieu froid et dilué, leur contraction sous l'effet de leur champ gravitationnel va les échauffer. Il est donc possible de déterminer quelle quantité de chaleur elles ont accumulé lors de leur formation, là où l'estimation de leur température initiale par Buffon était des plus aléatoires. Et comme maintenant on connaît les lois de propagation de la chaleur, établies en 1811 par le Français Joseph Fourier (1768-1830), on peut espérer déterminer combien de temps la Terre a mis pour évacuer ladite chaleur : il suffit pour cela d'évaluer la quantité idoine, appelée conductivité thermique, de l'intérieur terrestre. Après bien des calculs et des hypothèses, le verdict de l'Anglais William Thomson (1824-1907) est que la Terre a un âge compris entre 20 et 400 millions d'années, 100 millions d'années étant le plus probable, affirme-t-il en 1862, avant de réviser le chiffre à la baisse dans les années qui suivront. Mais, face à eux, des savants plus directement impliqués dans l'étude de l'objet Terre ne sont pas d'accord. Les géologues ne prétendent pas être des physiciens, mais ils sont fins observateurs des processus qui façonnent la surface de notre planète. Et aujourd'hui ceux-ci sont lents, très lents, même. Le taux d'érosion des falaises de craie est estimé à quelques centimètres par siècle. Celui de la sédimentation des argiles est plus lent encore, avec quelques millimètres par siècle. Or ces formations sont extrêmement étendues. Les temps nécessaires pour les former sont donc immensément longs et pourraient bien se compter en centaines de millions d'années. Tant que l'âge de Thomson est peu contraint et la valeur de 100 millions d'années est jugée la plus probable par l'intéressé, les géologues essaient de s'en accommoder car il leur suffit de réviser à la hausse le rythme des processus géologiques. Mais sur la fin de sa vie, Thomson va fortement abaisser son chiffre, tout en s'affranchissant des précautions avec lesquelles il avait annoncé ses 100 millions d'années. Non sans une certaine arrogance, il critique les géologues qui nient, selon lui, les lois de la physique. Il le fait certes en invoquant des arguments purement scientifiques, mais on sait désormais que Thomson a une détestation particulière pour la théorie de l'évolution de son contemporain Charles Darwin (1809-1882). Or celui-ci avait affirmé qu'il avait besoin de durées très longues pour que les espères évoluent. En prétendant que son chiffre de 100 millions d'années était en réalité surévalué, Thomson prit sans doute un malin plaisir à mettre Darwin dans l'embarras, avec un certain succès : de nos jours, les milieux créationnistes présentent William Thomson comme l'un des leurs au motif qu'il s'était opposé à Darwin.

Mais les faits sont têtus et les géologues ne voient pas, à raison, comment faire tenir toute l'histoire de la Terre en vingt petits millions d'années, d'autant qu'on ne parle ici que de l'histoire racontée par les traces visibles dont ils disposent: rien n'indique que la Terre n'est pas bien plus âgée qu'elles. La controverse vira peu à peu à la dispute, comme en témoigne cette apostrophe cruelle lancée par le géologue Thomas Henry Huxley (1825-1895) à l'adresse de Thomson et sa démonstration par le raisonnement et non l'expérimentation de l'âge de la Terre: « Les mathématiques peuvent être comparées à un moulin d'un travail exquis... ce que vous obtenez dépend de ce que vous y mettez; et comme le plus grand moulin du monde n'extrairait pas de farine de blé des morues, des pages de formules n'obtiendront pas un résultat définitif à partir de données peu fiables. » Se greffait sur cette discussion un débat sur la pérennité des processus observés. Se sont-ils toujours déroulés au même rythme, ou bien étaient-ils plus rapides par le passé ? Dans le premier cas, les estimations faites avec les taux actuels sont fondées; dans le second cas, elles surestiment, possiblement de beaucoup, l'âge réel des processus, aussi William Thomson avait-il une chance d'avoir raison. La donne est bouleversée à la toute fin du XIXe siècle par la découverte de la radioactivité grâce à Henri Becquerel (1852-1908), en 1896. Il existe désormais une nouvelle source d'énergie, bien plus pérenne que tout ce que les scientifiques connaissaient, et capable de produire en permanence de la chaleur à l'intérieur de la Terre et d'expliquer l'éclat du Soleil sur des durées bien plus longues que ce que Thomson imaginait. Libérés de cette entrave, les géologues se mettent sans crainte à envisager des durées bien plus longues pour l'âge de la Terre. En 1907, l'Américain Bertram Boltwood (1870-1927) est le premier à donner des arguments convaincants en faveur d'une Terre vieille de plus de deux milliards d'années, même si rien n'est encore certain à ce moment-là.

Curieusement, c'est au tour des géologues d'être pris de vertige devant de telles durées, eux qui jusque-là avaient été plus lucides que les physiciens. En 1919, le géologue français Pierre Termier (1859-1930) affirme ainsi lors d'une conférence : « Il y a, entre les résultats fournis par les trois procédés de la méthode radioactive, un accord qui, sans être parfait, ne laisse pas d'être impressionnant. Barrell en a tiré, en 1917, un tableau de durées probables que je résumerai en ces trois lignes : (i) l'ensemble du Quaternaire et du Tertiaire aurait duré entre 55 à 65 millions d'années ; (ii) le Mésozoïque, de 135 à 180 millions d'années ; (iii) le Paléozoïque (sans remonter au-delà du Cambrien), de 360 à 540 millions d'années. Tout cela est vraisemblable, et cependant très incertain. Retenons simplement que les évaluations auxquelles on se tenait il y a vingt ans doivent être fortement majorées. Les temps géologiques comprennent probablement quelques centaines de millions d'années, et non pas seulement quelques dizaines de millions. Quant aux temps qui ont précédé la Vie et que j'appelle les temps cosmiques, rien, absolument, ne nous donne la moindre idée de leur durée formidable. » Le fin mot de l'histoire sera donné en 1953 avec des mesures précises de datations radioactives. Celles-ci doivent beaucoup à Boltwood. C'est lui qui le premier comprend que la radioactivité de l'uranium finit par le transformer, dans la plupart des cas, en plomb. Un échantillon d'uranium ne contenant pas de plomb au départ va s'appauvrir du premier au profit du second et, en mesurant leurs abondances relatives, on peut facilement remonter à l'âge de l'échantillon. Par chance, la nature nous offre un moyen naturel de séparer uranium et plomb. L'affinité chimique de ces deux éléments avec certains minéraux comme le zircon fait que ces derniers peuvent incorporer de l'uranium sans la moindre trace de plomb. Ce n'est qu'une fois formés que ces minéraux vont posséder des quantités lentement croissantes de plomb, d'autant plus importantes qu'ils sont vieux. C'est par ce biais que Boltwood avait affirmé en 1907 que la

Terre pourrait être plus vieille que deux milliards d'années, mais c'était insuffisant pour conclure : rien ne garantit que les zircons utilisés sont aussi vieux que notre planète. Aussi, pour trouver la réponse définitive, il ne faut pas chercher sous nos pieds, mais dans le ciel, avec des roches les plus primitives, qui sont pour certaines des vestiges de la formation du Système solaire : les météorites, que l'on récupère parfois quand elles finissent par tomber au sol après avoir croisé l'orbite de la Terre. C'est en étudiant certaines d'entre elles qu'entre 1953 et 1956 le géochimiste américain Clair Patterson (1922-1995) fixe l'âge de la Terre à 4,5 milliards d'années, plus ou moins un ou deux pourcents, un chiffre effectivement en accord avec les mesures les plus récentes qui fixent l'âge des plus vieilles météorites à 4,568 milliards d'années, avec une précision désormais meilleure que le million d'années.

La Terre est donc bien plus vieille que ce que les gens imaginaient et l'histoire de la vie connue à l'époque ne reflète effectivement qu'une faible partie de son évolution : les organismes multicellulaires se sont bien développés seulement à partir de l'époque du Cambrien, dont le début est daté à un peu plus de 540 millions d'années. Près de 4 milliards d'années d'existence de notre planète restent ainsi peu connues.

L'émergence du scénario

La Terre est donc vieille et elle s'est formée non pas à partir du Soleil mais en même temps que celui-ci. Comme les planètes représentent une masse négligeable par rapport à celle de leur étoile – une situation vérifiée depuis avec tous les systèmes exoplanétaires –, c'est la formation de l'étoile elle-même qui représente la pierre angulaire du processus. En fait, on va peu à peu comprendre qu'il ne faut pas parler de la formation d'une étoile, mais de la formation *des* étoiles. Les étoiles, on l'a vu au chapitre précédent, sont dotées à la naissance d'une masse variable, qui dicte leur durée de vie. Plus une étoile est massive, plus elle brille intensément durant la majeure partie de son existence, à savoir celle où elle convertit l'hydrogène en hélium. Ces caractéristiques ont d'abord été établies en 1910 par un patient travail de classification des étoiles en fonction de leur éclat intrinsèque et de leur couleur, à l'initiative des astronomes Ejnar Hertzsprung (1873-1967) et Henry Norris Russell (1877-1957). Bien avant que l'on comprenne quoi que ce soit à la structure interne des étoiles ou à leur source d'énergie, les deux astronomes avaient établi que la température de surface des étoiles, visuellement révélée par leur couleur, augmentait avec leur luminosité intrinsèque. On peut bien sûr mieux quantifier cette température en étudiant le spectre de l'étoile (voir le chapitre 1), ce qui permet de mettre les étoiles dans plusieurs catégories appelées « types spectraux ». Celui-ci est désigné par les astronomes par diverses lettres de l'alphabet. Au départ, il avait été décidé d'utiliser l'ordre alphabétique en partant de la lettre A pour les étoiles les plus chaudes et les plus lumineuses jusqu'à la lettre M, quelques lettres étant abandonnées en cours de route en fusionnant divers types spectraux. Il s'avéra que diverses erreurs avaient été commises dans la classification initiale : la température des étoiles les plus lumineuses avait au départ été mal évaluée. Conséquence : les étoiles de type B étaient en réalité plus chaudes que celles du type A. En prime, une classe très rare d'étoiles encore plus chaudes fut découverte, auxquelles on attribua la lettre O, en lieu et place du chiffre 0 pour signifier qu'elles étaient les toutes premières en matière de température et de luminosité.

Par ordre décroissant de luminosité, les étoiles sont finalement de type spectral O, B, A, F, G, K, M*. À ce

* Un ordre que longtemps les astronomes anglo-saxons proposaient de retenir par la phrase mnémotechnique quelque peu maladroite : « *O Be A Fine Girl, Kiss Me.* »

jeu, avec sa température de surface de 5 500 °C, notre Soleil est de type spectral G, une étoile plus chaude et plus massive que la plupart de ses consœurs mais bien modeste en comparaison des 25 000 °C ou plus des étoiles de type O. En 1947, l'astronome soviétique Viktor Ambartsumian (1908-1996) est le premier à remarquer que les étoiles de types O et B sont souvent trouvées en groupes qui partagent un mouvement d'ensemble commun. Eu égard à la faible espérance de vie de ces étoiles massives, cela signifie probablement qu'elles sont nées à la fois à la même époque et au même endroit, un résultat peu à peu confirmé dans les années 1950 par le Néerlandais Adriaan Blaauw (1914-2010). Pendant longtemps, l'hypothèse dominante avait été que les étoiles se formaient plutôt séparément les unes des autres au centre de ces mystérieuses « nébuleuses spirales » (dont on sait désormais que ce sont des galaxies), mais voilà que la donne change : les naissances d'étoiles se font en groupe, dans un intervalle de temps restreint dans des lieux précis. Laplace déjà avait de son temps évoqué cette possibilité : le fait qu'il existe des groupes isolés d'étoiles comme l'amas des Pléiades pouvait suggérer qu'il s'agissait d'étoiles jeunes qui s'étaient formées au même endroit. Mais ce qui n'était dans les années 1800 qu'une vague hypothèse devient, un siècle et demi plus tard, une certitude. En prime, on réalise vite que les étoiles de types O et B ne sont pas les seules à naître ensemble. On les trouve souvent accompagnées d'étoiles de type T Tauri. Découvertes aux alentours de 1945 par l'Américain Alfred Joy (1882-1973), elles sont de masse modérée et sujettes à de brusques et parfois importantes variations de luminosité. Celles-ci sont dues à la présence d'un disque de matière les entourant, vestige du vaste nuage de gaz ayant présidé à leur naissance. Bref, ce ne sont pas seulement les étoiles massives qui naissent ensemble et simultanément. Le fait qu'elles soient accompagnées d'étoiles de type T Tauri montre que le processus concerne l'ensemble des étoiles, quelle que soit leur masse.

Ce que l'on comprend bien désormais, c'est où les étoiles naissent : au sein de très vastes nuages de gaz appelés nuages moléculaires géants. Principalement composés d'hydrogène et d'hélium, ces nuages sont relativement denses par rapport au reste du milieu interstellaire, et aussi très froids. On peut ainsi y détecter de nombreuses molécules simples, comme de l'eau, du monoxyde de carbone ou de l'ammoniac, d'où leur nom. Ces nuages ne sont pas uniquement composés de gaz. Ils comprennent aussi de minuscules particules solides que les astronomes qualifient de « poussière » et qui sont des grains rocheux de très petite taille, riches en calcium, magnésium et silicium, entre autres. Les nuages moléculaires géants sont surtout très massifs, l'équivalent de plusieurs dizaines de milliers de fois la masse de notre étoile, pouvant même dépasser le million. Leur taille se compte en centaines d'années-lumière, un chiffre modeste comparé à la taille typique d'une galaxie qui se compte en dizaines de milliers d'années-lumière. La densité de matière y est bien sûr très faible comparée à nos standards terrestres, mais suffisante pour qu'en raison de la présence des poussières, efficaces absorbeurs de la lumière des étoiles, ces nuages soient souvent assez opaques, et ce d'autant plus qu'ils sont denses. C'est là que l'on touche du doigt la difficulté d'étudier la naissance des étoiles : ces « maternités stellaires », comme les astronomes les appellent, nous cachent efficacement ce qu'il se passe en leur sein, aussi le processus exact de la fragmentation et de la contraction de ces vastes étendues de gaz en des astres individualisés est encore mal connu car difficile à observer et pas plus simple à modéliser. On connaît cependant le mécanisme principal qui y est à l'œuvre. Il porte le nom d'« instabilité de Jeans », en l'honneur de son découvreur, le physicien anglais James Jeans (1877-1946). L'idée sous-jacente est de dire qu'un nuage moléculaire géant est, exactement comme une étoile, dans un état d'équilibre où les forces de pression, dont l'intensité est dictée par la température et la densité, contrebalancent le champ de gravité fixé par sa masse et sa taille. Le nuage est ici à la fois très froid et très étendu, raison pour laquelle pression et champ de gravité sont faibles. Mais si le nuage venait à changer brusquement de température, alors les forces de pression diminueraient et l'équilibre serait rompu. Des calculs relativement simples indiquent qu'il ne va pas se contracter brutalement mais se fragmenter en plusieurs sous-nuages qui seront plus compacts que le nuage de départ, le processus étant susceptible de se produire plusieurs fois d'affilée tant que le refroidissement est efficace. La formation des étoiles est donc initiée, dans ce contexte, par un événement qui déstabilise le nuage et permet la formation en cascade d'étoiles en un temps astronomiquement bref – comptez quelques millions d'années tout au plus. Dans le détail bien sûr, les choses sont plus compliquées. Les nuages moléculaires géants ne font pas que se fragmenter. Ils sont aussi sculptés par divers processus. Par exemple, le champ magnétique ténu qui règne en leur sein favorise l'apparition de filaments de matière, d'où se formeront préférentiellement les étoiles car la densité de matière y est plus élevée, mais peut aussi ralentir le processus en freinant la contraction. Et dès qu'une étoile particulièrement massive se forme, l'intense rayonnement qu'elle émet a une forte capacité d'érosion de ces nuages, qu'elle va lentement mais sûrement souffler peu à peu : il est heureux que la formation des étoiles soit quasiment simultanée car, sinon, elle se tarirait du fait du rayonnement des premières étoiles massives qui auraient été formées.

La beauté du ciel nocturne révélée par les télescopes doit beaucoup à ces maternités stellaires. Illuminées de l'intérieur par les étoiles massives qui y sont nées, elles forment de magnifiques nébuleuses, comme celles d'Orion ou de la Lagune, visibles à l'œil nu depuis les endroits suffisamment éloignés de toute source de pollution lumineuse. Si l'œil n'est pas capable d'en détecter la couleur, les photographies à longue pose peuvent s'en charger et révèlent alors une couleur souvent rosée, combinaison de deux types de rayonnement. Il y a d'abord le blanc, parfois légèrement bleuté, des étoiles les plus massives, qui émettent aussi un fort rayonnement ultraviolet du fait de leur température de surface élevée. Celui-ci, invisible à nos yeux, excite les électrons des atomes d'hydrogène au point de les arracher à leur noyau. Et quand ils sont capturés à nouveau, ils émettent un rayonnement caractéristique de couleur rouge. À cela s'ajoutent d'autres couleurs, notamment le bleu. Quand le gaz n'est plus très abondant et le rayonnement des étoiles moins intense, alors le premier diffuse la lumière des secondes, un peu comme le fait l'atmosphère terrestre, et c'est comme chez nous une lueur bleutée qui domine, par exemple dans l'amas des Pléiades.

Cycles stellaires

À quel rythme se forment les étoiles ? C'est une question à laquelle il est difficile de répondre. Les étoiles ne s'allument pas subitement, il n'est pas facile de décider l'instant où elles entament leur vie. C'est entre autres pour cette raison que les astronomes ne déterminent pas les choses par la donnée du nombre d'étoiles qui se forment chaque année, mais plutôt par la masse de gaz qui chaque année contribue à former des étoiles. C'est ce que les astronomes appellent le « taux de formation d'étoiles », qui est exprimé en masses solaires par an. Une autre donnée les intéresse, peut-être encore plus, c'est ce qu'ils appellent la « fonction initiale de masse », c'est-à-dire la distribution en masse des étoiles qui se forment. Très tôt, les astronomes ont remarqué que les étoiles les plus massives, celles de type O ou B, sont très rares, et pas uniquement du fait que leur espérance de vie est limitée. Leur rareté est déjà présente au moment de leur formation, ce qui a été quantifié pour la première fois dans les années 1950 par Salpeter. Ce travail compte parmi les plus importants de toute l'astronomie. Que l'on étudie les étoiles en elles-mêmes, leur mode de formation, l'enrichissement du milieu interstellaire, les exoplanètes ou l'évolution des galaxies, savoir quelles sont exactement les populations d'étoiles est la donnée la plus indispensable. Et comme les simulations numériques les plus sophistiquées peinent à reproduire l'ensemble des processus à l'œuvre dans les maternités stellaires, l'observation est décisive pour déterminer comment elles se répartissent en masse à leur naissance.

Les observations de Salpeter, ultérieurement améliorées au début de ce siècle par l'astrophysicien australien d'origine tchèque Pavel Kroupa (né en 1963) puis le Français Gilles Chabrier (né en 1956) indiquent que la fonction initiale de masse décroît très rapidement en fonction de la masse des étoiles : les étoiles d'environ une masse solaire (à 1 % près) sont cinquante fois plus nombreuses que celles de vingt masses solaires (toujours à 1 % près). Cette même tendance est observée avec les étoiles de très faible masse, bien plus nombreuses que les étoiles de type solaire. Elles sont donc plus que largement dominantes, d'autant que ces dernières sont dotées d'une espérance de vie bien plus grande : même si, à leur naissance, la masse moyenne des étoiles avoisine celle du Soleil grâce à quelques rares mais imposants spécimens, les populations d'étoiles que l'on trouve effectivement dans notre Galaxie ont une masse moyenne bien moindre. On sait désormais s'en assurer directement par un sondage du voisinage solaire. Avec la mission spatiale européenne *Gaia* lancée en 2013, il a été possible de recenser de façon probablement exhaustive tout ce qui se trouve dans le voisinage du Soleil. Ainsi, jusqu'à trente-trois années-lumière, ont été recensés 463 astres (Soleil inclus), parmi lesquels aucun de classes spectrales O et B et seulement quatre étoiles de type A, huit de type F et dix-huit de type G, comme le Soleil, qui se classe donc au pire en trentième position en matière de masse. Les 433 astres restants sont moins massifs, plus de la moitié d'entre eux étant de type M, c'est-à-dire les étoiles de très faible masse, auxquelles s'ajoutent une grosse vingtaine de naines blanches et une petite centaine de naines brunes*.

Quant au taux de formation d'étoiles, il est encore plus compliqué à évaluer. La raison tient à ce que nous vivons à l'intérieur de notre Galaxie et qu'il

* Auxquelles il faut ajouter les 77 exoplanètes déjà détectées, leur nombre total étant sans doute bien plus grand.

nous est donc difficile d'identifier toutes les zones de formation d'étoiles, celles-ci étant d'autant plus obscurcies par le reste du milieu interstellaire qu'elles sont éloignées. Comparativement, il est plus facile d'évaluer cette quantité pour des galaxies extérieures, qui nous offrent une vue d'ensemble de leur activité. Les galaxies spirales proches et vues de dessus sont dans ce contexte plus faciles à étudier, comme la célèbre galaxie M51, dite du Tourbillon. Située à 27 millions d'années-lumière de nous, elle présente l'énorme avantage d'être vue de dessus, ce qui permet d'identifier toutes ses zones de formation d'étoiles. Celles-ci sont doublement faciles à identifier grâce aux étoiles O et B qu'elles contiennent, elles sont largement plus lumineuses que les autres régions de la galaxie, et leur couleur rosée trahit directement leur présence. On détermine le taux de formation d'étoiles en mesurant l'intensité de la lumière ultraviolette en provenance de ces régions, lumière dont les étoiles de types O et B sont les principales contributrices. Cela permet de déterminer combien de ces étoiles s'y trouvent, sans qu'il soit nécessaire de les recenser une par une. On extrapole ensuite à l'ensemble des étoiles en utilisant la fonction initiale de masse de Salpeter et les corrections qu'y ont apportées quelques-uns de ses successeurs.

Au passage, en recensant ces zones, on remarque immédiatement qu'elles sont situées au niveau des bras spiraux de la galaxie, mais cette observation est aussi facile à faire qu'elle s'avère trompeuse. Elle donne à croire qu'une galaxie spirale contient de la matière uniquement au niveau des bras spiraux et c'est complètement faux. Il y a des étoiles absolument partout dans les galaxies et les bras spiraux ne sont pas spécialement plus massifs que le reste. Ce qu'il se passe, c'est que les bras spiraux sont des zones où le gaz se trouve légèrement plus comprimé qu'ailleurs, cette compression tournant au cours du temps autour de la galaxie : si on réalisait un film en accéléré de l'évolution d'une galaxie, on verrait les bras spiraux tourner, mais ils le feraient à une vitesse différente des étoiles, un peu comme se déplace un bouchon sur une autoroute : les voitures passent toutes à travers une zone de ralentissement, mais cette dernière se déplace lentement au cours du temps par rapport à la chaussée, au gré du délai avec lequel les automobilistes freinent en arrivant sur la zone de ralentissement et accélèrent quand ils la quittent. Les bras spiraux sont donc des zones temporairement et légèrement plus denses en gaz, guère plus que le reste de la galaxie, mais suffisamment pour stimuler la formation d'étoiles. Et comme les zones de formation d'étoiles sont celles où se trouvent les étoiles les plus lumineuses, dont l'espérance de vie est très brève, on a l'impression qu'il y a plus d'étoiles car il y a plus de luminosité. Mais si on raisonne en termes de masse et non d'éclat, alors la masse est répartie de façon bien plus uniforme sur le disque de la galaxie.

Outre le constat (une fois de plus) que les apparences sont trompeuses, cette histoire a une morale intéressante : on ne peut pas séparer la problématique de la naissance des étoiles de celle de l'évolution des galaxies. Les étoiles naissent dans les galaxies et pas ailleurs, même si on trouve d'importantes quantités de gaz entre les galaxies. Le point important est que ce sont les conditions qui règnent au sein des galaxies qui, à elles seules, permettent au processus de formation stellaire de s'amorcer. Et, à l'inverse, ces naissances d'étoiles vont influer sur le devenir des galaxies. Celles-ci ne sont en effet pas des réceptacles passifs d'étoiles qui se déplacent sous la seule influence de la force de gravitation. Leur morphologie est sculptée par le gaz, qui lui-même a sa dynamique propre, à la fois soumise aux lois de la gravitation et au rayonnement des étoiles, notamment les plus lumineuses. Celles-ci peuvent contribuer à le dissiper en partie, par exemple lors des explosions de supernovæ, mais les galaxies attirent aussi à elles le gaz environnant.

C'est donc un cycle complexe du gaz qui est à l'œuvre au sein des galaxies. Les estimations récentes évoquent un taux de formation d'étoiles de 1,3 masse solaire par an dans notre Voie lactée. Le milieu interstellaire s'appauvrit donc d'autant chaque année, mais il se régénère en partie par deux sources : tout d'abord notre Galaxie capte lentement de la matière issue du milieu intergalactique, à raison d'environ 0,5 masse solaire par an ; ensuite les étoiles en fin de vie rendent une partie de leur matière au milieu interstellaire, à raison aussi de 0,2 masse solaire par an, que ce soit *via* les vents stellaires ou les explosions de supernovæ. Enfin, environ 0,2 masse solaire est définitivement perdue dans les cadavres stellaires isolés qui n'interagissent plus avec quoi que ce soit. Finalement, le réservoir de gaz s'appauvrit inexorablement et la formation d'étoiles est vouée à se tarir. Cela fait d'ailleurs longtemps que c'est le cas : la masse combinée des étoiles de notre Galaxie, curieusement assez difficile à établir, se chiffre probablement aux alentours de la petite centaine de milliards de masses solaires, de quoi avoir tout de même formé deux à trois centaines de milliards d'étoiles puisque les étoiles peu massives sont, de loin, les plus nombreuses. Avec un taux de formation d'étoiles de 1,3 masse solaire par an, il faudrait entre 70 et 80 milliards d'années pour former la masse actuelle d'étoiles de la Voie lactée, une durée bien plus grande que l'âge de notre Galaxie – un peu plus de 10 milliards d'années – et même de l'Univers – entre 13,5 et 14 milliards d'années. Verdict: notre Galaxie et sans doute la plupart de ses consœurs formaient des étoiles à un rythme considérablement plus élevé par le passé. Bien sûr, chaque galaxie a sa propre histoire, mais les observations indiquent que l'Univers dans son ensemble a connu son pic de formation d'étoiles il y a 8 à 10 milliards d'années. Rien de très difficile pour établir ce résultat. Du fait que la lumière voyage à une vitesse grande mais finie, regarder un objet lointain, c'est l'assurance de le voir non pas tel qu'il est aujourd'hui, mais tel qu'il était par le passé. Regarder les galaxies à des distances différentes, c'est assister au déroulé de l'histoire de l'Univers.

Depuis le pic de formation d'étoiles, les choses se sont lentement mais sûrement ralenties, à raison d'une diminution du taux de 20 à 25 % par milliard d'années. Notre Voie lactée possède bien sûr encore des quantités non négligeables de gaz, estimées aux alentours de 7 milliards de masses solaires, ce qui lui assure de former des étoiles pendant au moins 5 milliards d'années au rythme où elle le fait actuellement, et même pendant plus longtemps encore si celui-ci diminue au cours du temps, comme ce sera probablement le cas. Elle pourra aussi connaître des flambées de formation d'étoiles dans quelques milliards d'années, quand notre voisine la galaxie d'Andromède, qui fonce droit sur nous, fusionnera avec elle pour former une galaxie plus massive. Néanmoins, tout cela finira par s'arrêter un jour. Il est d'ailleurs des galaxies qui déjà ne forment plus d'étoiles. Contrairement aux majestueuses galaxies spirales que sont la Voie lactée ou la galaxie d'Andromède, les galaxies dites elliptiques, sorte de boules d'étoiles plus ou moins allongées, sont presque totalement dépourvues de gaz, comme c'est le cas de la galaxie M87, devenue célèbre récemment pour héberger le premier trou noir géant à avoir été imagé*. M87 ne forme plus d'étoiles depuis longtemps, ce qui visuellement explique son aspect plus terne : dans les galaxies spirales, les zones de formation d'étoiles sont illuminées de l'intérieur par les spécimens les plus massifs, qui sont aussi les plus lumineux. Les bras spiraux des galaxies sont constellés de telles régions. C'est ce que l'on constate aisément dans les galaxies spirales proches que l'on voit non pas par la tranche mais de dessus, comme c'est le cas de la galaxie M51, déjà évoquée il y a quelques pages. Celle-ci est en

* Voir *Pourquoi* $E = mc^2$, chap. 19.

prime en train d'absorber une galaxie plus petite qui a l'infortune de se trouver dans son voisinage, ce qui stimule sans doute le processus de formation d'étoiles, en particulier celle des étoiles massives et, quelques millions d'années plus tard, le taux de supernovae. À ce jeu-là, la galaxie la plus prolifique du moment se dénomme NGC 6946. Pas très poétique comme nom de baptême et en prime elle n'est pas aussi facilement observable que le souhaiteraient les astronomes car elle est située en arrière-plan du disque de notre Voie lactée. Elle est cependant connue pour avoir produit dix supernovæ depuis 1915, un chiffre qui atteint même les quatre unités pour le seul XXIe siècle. Cela signifie que si vous observez cette galaxie toutes les nuits pendant un mois, vous avez 1,5 % de chance d'y voir une nouvelle supernova, propriété qui a valu à cette galaxie le surnom fort à propos de « galaxie du Feu d'Artifice ». À l'inverse, bien que de taille et de masse fort imposantes*, la galaxie M87 n'a gratifié les astronomes que d'une unique supernova identifiée, en 1919.

* Les limites des galaxies sont toujours difficiles à déterminer car la densité d'étoiles présentes décroît rapidement avec la distance, mais les astronomes estiment que M87 est presque cinq fois plus étendue que la Galaxie, et peut-être jusqu'à deux cents fois plus massive.

Pour en revenir à notre Voie lactée, les 4,5 milliards d'années d'âge de notre étoile nous disent que la formation stellaire était déjà sur la pente descendante. En revanche, impossible de savoir si notre Soleil est issu d'une vaste ou d'une petite zone de formation d'étoiles, pas plus qu'il n'est possible de trouver ses frères et sœurs nés en même temps que lui. Cela fait belle lurette que tout ce petit monde s'est dispersé et vogue solitaire à travers la Voie lactée. Mais nous avons quelques certitudes cependant: dans le matériau primitif qui forme les objets du Système solaire, on trouve la trace d'une radioactivité ancienne, désormais disparue. L'aluminium 26 ou le fer 60 sont des éléments radioactifs formés lors d'explosions de supernovæ. D'une espérance de vie de 720 000 ans pour le premier et de 2,6 millions d'années pour le second, ils ont tous achevé de se désintégrer depuis longtemps, mais leurs produits de désintégration, stables, sont toujours là, tels le magnésium 26 ou le nickel 60. La détection de tels sous-produits nous assure que bien peu de temps avant la naissance du Soleil, au moins une supernova s'est produite à proximité immédiate de notre future étoile et a ensemencé le milieu interstellaire. Une seule? Peut-être pas, en fait, car les astronomes considèrent qu'il faudrait peut-être qu'il y ait eu jusqu'à trois supernovæ pour expliquer toutes les traces d'éléments radioactifs disparus, dont les abondances relatives ne semblent pas pouvoir être compatibles avec une seule explosion stellaire, quelle que soit la masse de l'étoile qui a explosé. L'abondance initiale de ces éléments radioactifs indique que la ou les supernovæ ont explosé à moins de cinq années-lumière du futur Soleil. Le chiffre peut apparaître étonnamment faible eu égard à l'ordre de grandeur typique des distances interstellaires, puisque la plus proche voisine du Soleil est actuellement Proxima du Centaure, à 4,25 années-lumière. Néanmoins, dans les maternités stellaires, les distances sont bien plus faibles. Par exemple, le cœur de la nébuleuse d'Orion est illuminé par un groupe de quatre étoiles massives informellement appelé le Trapèze d'Orion, et les observations détaillées indiquent que ce sont plus de mille étoiles de faible masse qui sont en train de se former dans une région de moins de sept années-lumière de rayon autour d'elles.

CHAPITRE 5

LA POSSIBILITÉ D'UNE TERRE

Globules, disques et jets

Les étoiles se forment à partir d'immenses masses de gaz, ces nuages moléculaires géants. Ceux-ci se fragmentent et se contractent (ou s'« effondrent », selon la terminologie des astronomes) en plusieurs étapes, jusqu'à produire un fragment isolé de quelques dizaines ou centaines de milliards de kilomètres, qui contient une future étoile. Fin de l'histoire ? Pas vraiment car les dernières étapes du processus sont complexes et incomplètement comprises. Au bout d'un moment, la force de gravitation n'est plus la seule maîtresse à bord. Un objet isolé dans l'espace possède toujours une rotation résiduelle, qui va s'amplifier à mesure qu'il se contracte. Même s'il tourne sur lui-même en dix millions d'années quand il s'étend sur une année-lumière, cette rotation est amplifiée d'un facteur un million quand sa taille est divisée par mille et atteint quelques milliards de kilomètres. Or, à ces vitesses-là, la rotation est largement suffisante pour s'opposer à l'effondrement. Il est une autre chose qui est amplifiée lors de la contraction : le champ magnétique. Au départ très faible, il peut être piégé dans le nuage et augmenter dans les mêmes proportions que la rotation quand le nuage se contracte. Celui-ci peut alors tout aussi efficacement s'opposer à la contraction. Et ce n'est pas tout. La chaleur produite par la contraction augmente inévitablement la pression qui règne au sein du nuage, pression là aussi suffisante pour stopper la contraction. Pour poursuivre sa contraction, le nuage va devoir évacuer ce surplus de rotation, de champ magnétique et de chaleur.

Voilà pour la théorie, et hélas les astronomes ont longtemps eu du mal à en savoir plus. Les naissances d'étoiles se font au cœur de ces pouponnières d'étoiles, naturellement obscurcies par le gaz et les poussières. Plus la contraction du gaz est avancée, plus celui-ci est opaque, au point de cacher totalement ce qu'il se déroule en son sein. Dans le premier quart du XXe siècle, plusieurs astronomes notent la présence de petites zones particulièrement sombres très individualisées, tels des confettis noirs jetés un peu au hasard dans les nuages moléculaires géants, que l'astronome américain Edward Barnard, le découvreur d'Amalthée (voir le chapitre 1), recense sous le nom de « nébuleuses obscures ». Trois décennies plus tard, l'astronome américain d'origine néerlandaise Bart Bok (1906-1983) et sa consœur Edith Reilly (1918-1988) suggèrent à raison qu'il s'agit de nuages de gaz à un stade déjà avancé de contraction : leur masse, mal connue à l'époque, peut atteindre quelques dizaines de masses solaires, mais leur taille est désormais inférieure à une année-lumière, ce qui est très peu en comparaison de l'immensité diluée des nuages moléculaires géants dont ils sont issus. Ces objets sont par la suite appelés globules de Bok, le nom d'Edith Reilly étant peu à peu oublié pour de multiples raisons tenant à la fois au fait qu'elle n'a que peu travaillé en astronomie et sans doute aussi qu'elle était une femme, handicapée de surcroît. Savoir ce qu'il se trame à l'intérieur des globules de Bok est difficile en raison de leur opacité. Paradoxe parmi d'autres de ces objets, ce n'est pas tant le gaz qui est opaque que les faibles quantités de poussière qu'il contient (moins de 1 % en masse) et qui interceptent avec une grande efficacité la lumière visible. Pour les rendre plus transparents, il faut les étudier en lumière infrarouge, chose qui nécessitera quelques décennies supplémentaires de progrès technologique. La raison tient à ce que la lumière infrarouge est efficacement filtrée par l'atmosphère terrestre (j'y reviendrai dans un contexte assez différent), ce qui rend difficile voire impossible certaines observations astronomiques depuis le sol. C'est donc la possibilité d'envoyer des instruments d'observation dans l'espace qui permet de progresser dans ce domaine, chose réalisée en 1983 avec le lancement du télescope américano-néerlandais IRAS*. En recensant des centaines de milliers de sources de rayonnement infrarouge, dont nombre sont situées dans notre Galaxie, IRAS permet notamment de sonder l'intérieur des globules de Bok. Il détecte la présence récurrente d'objets chauds en leur sein et aussi celle d'une classe d'objets connue depuis quelque temps, les objets Herbig-Haro. Tirant leur nom des astronomes américain George Herbig (1920-2013) et mexicain Guillermo Haro (1913-1988), ils se présentent sous la forme de deux jets émanant d'une zone centrale. Les jets sont assez rapides, leur vitesse se comptant en centaines de kilomètres par seconde, et surtout ils éclairent (sans jeu de mots) sur ce qui permet la phase finale de la contraction de la future étoile, à savoir évacuer les surplus d'énergie, de

---

* Acronyme de *InfraRed Astronomical Satellite*, soit « satellite pour l'astronomie infrarouge ».

rotation et de champ magnétique. Ce sont ces trois grandeurs qui *a priori* rendent impossible la contraction finale de la future étoile. Mais si cette contraction s'accompagne d'une éjection de matière, même limitée, celle-ci peut emporter avec elle ce qui jusque-là rendait impossible la poursuite de la contraction.

Si la partie visible des objets Herbig-Haro sont les jets, ils sont accompagnés d'un disque de matière qui leur est perpendiculaire. La configuration est assez facile à comprendre : la rotation résiduelle d'ensemble du globule de Bok privilégie une orientation globale, qui sera celle de la rotation de l'étoile ainsi que celle du disque. Mais celle-ci est, par le jeu des collisions, communiquée à l'ensemble de la matière. Les éléments de matière tournant dans une direction aléatoire autour de la future étoile ont ainsi d'autant plus de chance de croiser d'autres éléments qui possèdent déjà la rotation d'ensemble, que ces derniers vont, par le jeu des collisions, peu à peu transmettre à tout le reste. D'une forme initiale plus ou moins sphérique, un globule de Bok va peu à peu s'aplatir perpendiculairement à son axe de rotation. Le disque, très dense et très opaque, empêche toute éjection de matière dans le plan qu'il définit. Celle-ci se fera donc dans la direction perpendiculaire. En revanche, on ne sait pas exactement par quels mécanismes ni pour quelles raisons le jet est si efficacement collimaté. Ce qui est certain, c'est que c'est là un phénomène des plus génériques : il se produit quelle que soit la masse de la future étoile, d'une éclatante et massive représentante du type O aux plus discrètes des naines brunes. Et les futures étoiles ne sont pas les seules concernées. Les trous noirs et autres objets compacts sont eux aussi parfois entourés d'un disque de matière qu'ils engloutissent peu à peu mais d'où s'échappent des jets perpendiculaires. Les caractéristiques peuvent être très différentes – la masse du trou noir central est parfois démesurée, tout comme la vitesse d'éjection le long des jets – mais le phénomène semble être mû par les mêmes principes. Une des difficultés concernant les objets Herbig-Haro est leur taille assez modeste : la quantité de matière éjectée est relativement faible, et l'environnement de la protoétoile est assez dense, aussi une distance d'à peine une année-lumière suffit-elle souvent pour freiner le jet, qui finit par devenir invisible. Eu égard au fait que des régions de formation d'étoiles sont relativement lointaines, ces objets occupent en projection une taille extrêmement restreinte sur le ciel, au point que les télescopes au sol ont du mal à en distinguer les détails, limités qu'ils sont par la turbulence atmosphérique qui brouille les images astronomiques. Seuls les télescopes spatiaux, comme le toujours vaillant quoique vieillissant *Hubble*, permettent d'en observer quelques-uns avec un certain niveau de détail.

Sillons

Même si Dame Nature ne nous a pas encore révélé le secret du processus, c'est un fait que la contraction finale de la protoétoile est rendue possible grâce aux jets, et qu'il ne subsiste à la fin qu'un disque relativement épais mais de petite taille. Petits et opaques, ces disques sont hors de portée des télescopes classiques, *Hubble* compris, qui ne peuvent guère qu'en distinguer la minuscule silhouette, large de quelques pixels sur les meilleurs clichés. Comme ces disques sont chauffés de l'intérieur par la future étoile, une partie des atomes qu'ils contiennent se voient dépouillés d'un ou plusieurs électrons, ce qui leur vaut le nom de « proplyd », mot-valise formé à partir de l'anglais « *protoplanetary ionized disk* », soit « disque protoplanétaire ionisé ». C'est là que les choses vraiment sérieuses commencent pour les planètes. Étudier ces proplyds est compliqué. Si on peut recueillir et analyser leur lumière d'ensemble – c'est-à-dire déterminer leur spectre –, imager directement des détails de ces objets est compliqué. Un unique télescope ne suffit pas à cause d'une loi fondamentale de l'optique, la diffraction. Celle-ci contraint la lumière qui passe à travers un système optique à être altérée et perdre inévitablement en netteté, et ce d'autant plus que l'instrument est de petite taille. Dans la vie courante, c'est un effet que l'on connaît bien quand on regarde les lumières de la ville la nuit à travers un rideau très fin : la lumière ponctuelle des lampadaires dessine alors une croix en passant à travers les interstices du rideau. L'effet se produit dans des proportions moindres quand la maille du tissu est plus large, mais il existe, tout comme quand la lumière passe dans le tube d'un télescope ou se réfléchit simplement sur un miroir, quelle que soit sa taille. Si l'on veut voir des détails très fins, il faut disposer d'un instrument dimensionné en conséquence : il ne s'agit pas seulement de recueillir beaucoup de lumière, comme c'est souvent le cas en astronomie, mais de voir le plus de détails possibles car l'amplitude de la diffraction décroît avec la taille de l'instrument. Pour cela, il faut combiner la lumière recueillie par plusieurs instruments, qui vont comme simuler ce que verrait un appareil unique dont la taille serait égale à celle du réseau d'instruments. Pour diverses raisons techniques, la chose est compliquée à mettre en œuvre avec des télescopes sensibles à la lumière visible, mais elle devient plus faisable avec des radiotélescopes, ce qui n'est pas un mal dans ce contexte : l'opacité des disques protoplanétaires à la lumière visible rendrait des observations relativement inexploitables avec cette même lumière, alors que les ondes radio sont plus révélatrices de ce qu'il se passe à l'intérieur de ces disques. Mais la chose demeure terriblement complexe. Il faut disposer de plusieurs dizaines de radiotélescopes répartis sur une zone de plus de dix kilomètres de côté, et surtout disposés à très haute altitude afin de limiter la quantité de vapeur d'eau dans l'atmosphère terrestre, des plus délétères pour ce genre d'observations. Le nec plus ultra de ces instruments est l'observatoire international ALMA, situé au Chili à plus de 5 000 mètres d'altitude sur un plateau du désert d'Atacama, connu pour être un des lieux les plus secs du monde. C'est par lui qu'ont pu être obtenues les premières images de ces disques en train de former les planètes. La toute première fut publiée le 6 novembre 2014, une date marquée d'une pierre blanche par tous les amoureux des exoplanètes car l'image du disque de l'étoile visée, dénommée HL Tauri, est fabuleuse.

HL Tauri n'est pas une cible choisie au hasard. Elle est située dans une région de formation d'étoiles sobrement appelée Nuage moléculaire du Taureau, du nom de sa constellation d'appartenance. Cette région est assez peu active comparée à la Nébuleuse d'Orion située dans une direction voisine, mais elle possède une qualité indéniable : elle est bien plus proche, avec une distance estimée entre 400 et 450 années-lumière, soit trois à quatre fois plus près que sa célèbre consœur. C'est là un avantage décisif tant les disques protoplanétaires sont petits et nécessitent d'être observés depuis la plus faible distance possible pour révéler quelques secrets. L'existence d'un disque autour de HL Tauri avait été établie par des mesures infrarouges réalisées d'abord au sol puis dans l'espace dans les années 1970 et 1980, un résultat corroboré par le fait que c'est aussi un objet Herbig-Haro. L'étoile centrale est, semble-t-il, de masse comparable au Soleil, elle est surtout extrêmement jeune, avec un âge estimé à moins d'un million d'années.

Les observations de ALMA font immédiatement passer HL Tauri et son disque à la postérité parce que le disque n'a pas du tout un profil de luminosité uniforme : il est comme creusé par divers sillons concentriques qu'il est terriblement tentant d'interpréter comme la trace de différentes planètes en formation. On peut comprendre assez facilement une partie des processus à l'œuvre. Autour d'un astre, les objets tournent à des vitesses différentes en fonction de leur distance, comme l'a découvert empiriquement

Kepler au début du XVIIe siècle. Par exemple, dans le Système solaire, Mercure orbite autour du Soleil à environ 47 kilomètres par seconde contre un peu moins de 30 pour la Terre et même pas 5,5 pour Neptune. Si on ne considère plus un ensemble de planètes mais un disque de matière, il en est de même. Depuis un point du disque, les particules situées sur une trajectoire légèrement plus intérieure circulent plus vite et donc vous rattrapent constamment, alors que celles situées sur l'extérieur se déplacent plus lentement : c'est vous qui les rattrapez. Si une région du disque se trouve légèrement plus massive que le reste, son champ de gravité lui permettra d'attirer à elle la matière environnante, et comme les régions internes et externes à sa trajectoire circulent à des vitesses différentes, c'est toute l'orbite parcourue par cette région un peu plus dense qui sera balayée et « nettoyée » de la matière environnante. C'est sans doute cela qu'a observé ALMA avec HL Tauri puis, dans les années qui ont suivi, d'autres étoiles très jeunes.

Au-delà de leur aspect très esthétique, ces observations d'ALMA sont importantes car elles nous renseignent sur la rapidité du processus de formation des planètes, et donc sur le nombre de ces dernières. Ce que l'on savait, c'est que la plupart des étoiles possèdent des disques protoplanétaires à leur naissance. En revanche, ceux-ci ne sont plus présents au bout d'une dizaine de millions d'années, le rayonnement de l'étoile fraîchement formée achevant inévitablement de le dissiper au bout d'une telle durée. Cela signifie que le temps pour former les planètes est compté : si le processus prend plus de dix millions d'années, alors il cessera de lui-même par dissipation de la matière disponible et aucune planète ne sera formée. Or HL Tauri est une étoile assez jeune, de moins d'un million d'années et peut-être même moins de trois cent mille ans. Dans ce contexte, la présence de sillons dans son disque montre que le processus de formation planétaire est déjà bien avancé en à peine un million d'années. Cela ouvre la perspective que toutes les étoiles, sans guère d'exceptions, aient largement le temps de former des systèmes planétaires. Il n'y a donc peut-être pas au moins autant de planètes que d'étoiles, comme annoncé au chapitre 2, mais autant de systèmes planétaires que d'étoiles !

Croissance énigmatique

Les planètes semblent donc capables de se former rapidement, mais par quels processus exactement ? C'est là qu'intervient un des plus grands mystères de leur formation. Les nuages moléculaires géants sont immenses et très dilués au départ. Mis à part du gaz, la seule matière solide qu'ils peuvent contenir sont des grains de « poussière » (en réalité des fragments rocheux) de taille microscopique. La situation ne change guère lors de la phase finale du processus d'effondrement de l'étoile : celle-ci, très chaude, se charge de vaporiser une partie des fines poussières présentes. Presque tout est donc sous forme de gaz au moment où l'étoile débute sa vie, mais les choses évoluent rapidement ensuite. L'étoile nouvellement formée est moins chaude que l'étoile en formation, aussi la température du disque a-t-elle tendance à diminuer. Vont alors se condenser les différentes espèces qui composent le disque, à des rythmes différents en fonction de leur nature et de la distance à l'étoile. Loin de celle-ci, l'eau peut commencer à se condenser en glace, mais plus près, seuls les composés de nature rocheuse vont se condenser. Au départ, ces condensats sont de taille microscopique, mais ils vont avoir la possibilité de croître au cours du temps. Leur masse est très faible, donc ce n'est pas sous l'effet de leur champ de gravité qu'ils vont pouvoir s'attirer, mais lors de collisions, ou alors du simple fait du frottement avec le gaz environnant, ils vont arracher ou céder des électrons à leur environnement. Du fait que des objets dotés d'une charge électrique s'attirent efficacement les uns vers les autres, les grains peuvent rapidement s'approcher et fusionner les uns avec les autres, pour donner naissance à des objets de taille millimétrique, puis centimétrique, décimétrique… et c'est tout. Car l'efficacité du processus diminue rapidement. La capacité de deux grains à se coller l'un à l'autre résulte de leurs propriétés d'adhésion, proportionnelle à leur surface. Mais pour qu'ils se fixent l'un à l'autre, il faut aussi qu'ils absorbent le choc de leur rencontre, dont l'énergie est proportionnelle à leur masse et donc leur volume. Certes si le grain grossit, sa surface augmente aussi, mais son volume encore plus : si vous multipliez la taille d'un grain par deux, sa surface augmente d'un facteur quatre et son volume d'un facteur huit. En conséquence, il apparaît particulièrement compliqué de fusionner des grains dont la taille dépasse quelques dizaines de centimètres. Cette « barrière du mètre », comme l'appellent les astronomes, est la plus grande inconnue dans le processus de croissance des planètes. Car une fois que les grains ont atteint une taille de l'ordre du kilomètre, c'est la force de gravitation qui prend le dessus. Et rien n'empêche, par fusions successives, que la croissance se poursuive. Mais pour ce qui est de savoir comment on passe du mètre au kilomètre, les astronomes n'en savent rien.

Ce n'est pas faute d'avoir essayé pourtant, mais le problème est ardu. Impossible par exemple de trancher par l'expérience : regarder comment des cailloux de plusieurs dizaines de kilogrammes se rencontrent et adhèrent l'un à l'autre dans le vide spatial et en l'absence de gravité est purement et simplement impossible en laboratoire ! Restent des arguments théoriques favorisant tel ou tel processus, mais ceux-ci rencontrent toujours des difficultés. Par exemple, il a été proposé que le gaz encore présent dans le disque freine légèrement la trajectoire des grains, les forçant à spiraler vers l'étoile centrale. Ils seraient d'autant plus freinés qu'ils se rapprocheraient de l'étoile, et formeraient alors un goulot d'étranglement favorable à leur accumulation et leur rencontre. Mais cela ne fonctionnerait que pour des objets relativement proches de leur étoile. Certes, il existe de tels systèmes exoplanétaires, extrêmement compacts, comme Kepler-11 qui compte cinq planètes plutôt massives (deux à treize fois la masse de la Terre) situées au maximum au quart de la distance Terre-Soleil, mais ils sont loin d'être la norme, ne formant probablement pas plus de 10 % des systèmes connus. Ou alors le disque pourrait être agité de mouvements turbulents, avec localement la formation de tourbillons au centre desquels les grains pourraient s'accumuler et s'assembler à faible vitesse et fusionner facilement malgré leur grande taille. Mais pour certaines raisons, ces hypothèses, et de nombreuses autres qui ont été proposées, se heurtent à divers contre-arguments, aussi il est difficile de savoir si telle ou telle hypothèse est viable.

Signe de la perplexité des astronomes, des scénarios particulièrement audacieux ont été envisagés récemment. Le plus exotique vient sans doute de la grande découverte astronomique de l'année 2017. Je vous ai dit dans un précédent chapitre qu'il nous serait à jamais impossible d'atteindre les étoiles, même proches. C'est vrai, mais cela n'empêche pas les étoiles de venir à nous de temps à autre, non pas par des visiteurs extraterrestres dans des vaisseaux futuristes, mais grâce à de simples cailloux qui voguent dans l'espace interstellaire. Le processus de formation des planètes est sans doute assez inefficace au sens où une part importante de la masse du disque (entre 90 et 99 % selon les estimations) est probablement éjectée du système. J'expliquerai pourquoi dans quelques paragraphes, mais le fait est que si tant de matière est éjectée d'une étoile en formation, cela fait autant de matière qui vogue anonymement dans l'immensité glacée de notre Voie lactée. Quelle masse exactement ? Cela dépend de la masse des disques, qu'il faut multiplier par le nombre d'étoiles qui se sont formées entourées d'un disque de matière, sans doute des centaines de milliards. Autre inconnue du processus, le nombre d'objets. Quand le contenu de ces disques est éjecté, est-il formé d'un petit nombre de gros objets, ou d'un grand nombre de petits objets ? En fonction de la réponse, le nombre de visiteurs interstellaires qui s'approchent chaque année du Soleil est drastiquement différent, s'étalant entre une fraction totalement insignifiante et une myriade d'objets. Seule certitude, dans tous les cas ces objets seront particulièrement difficiles à observer : s'ils sont gros mais peu nombreux, la fréquence des visites fait qu'on n'en verra peut-être jamais ; s'ils sont nombreux et omniprésents mais très petits, c'est leur discrétion qui les rendra invisibles. Un début de réponse a été trouvé en décembre 2017 avec la découverte de l'énigmatique ʻOumuamua par le télescope Pan-STARRS, situé au sommet du Haleakalā, un volcan endormi de l'archipel de Hawaï, dans le Pacifique. C'est à ce lieu de découverte que ʻOumuamua doit son nom, qui signifie « premier messager lointain » dans la langue locale. Pan-STARRS est un télescope au fonctionnement assez atypique par rapport à l'idée que le public s'en fait peut-être. Son objectif est de scanner en permanence la plus grande zone possible du ciel à la recherche d'événements transitoires comme des explosions d'étoiles, ou bien le passage d'astéroïdes et autres comètes au voisinage de la Terre. De ce fait, tout événement fugitif est susceptible d'être repéré par le télescope, dont les clichés sont immédiatement comparés à ceux plus anciens de la même zone du ciel. C'est dans ce contexte que Pan-STARRS a découvert un objet à la trajectoire unique, car si au moment de sa découverte il était à moins de 200 millions de kilomètres du Soleil, sa vitesse était telle qu'il était parti pour s'en éloigner indéfiniment, à l'image des sondes *Voyager* ou *Pioneer*. Et à ce jeu, les lois de la mécanique céleste nous assurent que ce même objet vient aussi de l'extérieur du Système solaire. C'est donc, au sens propre du terme, un « objet interstellaire », le tout premier de ce type jamais découvert*. Découvert après son passage au plus près de la Terre et alors qu'il s'éloignait d'elle à haute vitesse, 'Oumuamua n'a pu être étudié que très fugacement, trop peu en tout cas pour révéler tous ses secrets, ce qui a mécaniquement alimenté quelques fantasmes (« Et si cet objet était de nature artificielle, intentionnellement envoyé

* Sa dénomination officielle est d'ailleurs 1I/'Oumuamua, le « I » pour « interstellaire », et le 1 car c'est le premier représentant de cette catégorie d'objets.

dans le Système solaire ? »), largement relayés par chercheurs et éditeurs en manque de notoriété. Mais moins de deux ans après, un autre objet interstellaire est découvert par l'astronome amateur ukrainien Guennadi Borisov (né en 1962), certes à l'aide d'un matériel hautement performant pour un amateur. Point de particularité à cet objet, qui a toutes les caractéristiques d'une comète... si ce n'est qu'elle n'a fait que passer dans le Système solaire à une vitesse très élevée avant de repartir à tout jamais. Baptisé assez logiquement 2I/Borisov, il achève de prouver que les objets interstellaires ne sont pas si rares que cela (et 100 % naturels !) et que s'il a fallu attendre la fin des années 2010 pour les découvrir, c'est en raison des difficultés inhérentes à leur détection.

Or donc, si les objets interstellaires sont fréquents, peut-être jouent-ils un rôle dans la formation des planètes. En traversant un disque protoplanétaire, un objet interstellaire pourrait agir comme un noyau de condensation et aider à la formation d'objets de taille kilométrique, à un rythme pas si négligeable que cela. Même si les statistiques sur ces objets interstellaires sont très limitées, le fait qu'on en ait découvert deux à moins de deux ans d'écart, le fait que 'Oumuamua ait été détecté avec beaucoup de chance, juste avant qu'il ne devienne invisible, tout cela concourt à estimer que ce sont en réalité des dizaines d'objets interstellaires qui chaque année «frôlent» le Soleil à une distance inférieure à celle qui le sépare de la planète Mars. Multipliez ce chiffre par quelques millions – le nombre d'années où subsiste le disque protoplanétaire – et vous obtenez des conditions qui pourraient donner un vrai coup de pouce à la formation des planètes. Bien sûr, le processus ne peut pas dépendre uniquement de cela : il faut qu'il y ait eu, avant la naissance d'une étoile, des systèmes planétaires en formation qui aient éjecté des objets interstellaires. Mais il n'est pas exclu que cela ait contribué à aider, ou en tout cas à favoriser, la formation des planètes aux époques récentes.

Jeunesse douce ou violente

Au-delà de la barrière du mètre, les astronomes pensent savoir comment les choses peuvent se dérouler, en grande partie grâce aux travaux précurseurs du Soviétique Viktor Safronov (1917-1999). Longtemps ses recherches, exclusivement publiées en russe, ont été inconnues des chercheurs occidentaux avant qu'une traduction en anglais d'un de ses ouvrages ne soit réalisée en 1972. Safronov est le premier à ébaucher les phases suivantes. Des myriades de petits corps de taille kilométrique se sont donc formés – on ne sait comment –, ce sont les planétésimaux. Par collisions successives, ils vont former des objets de plus en plus gros qui deviendront les planètes. Il y a encore du pain sur la planche car le nombre de planétésimaux nécessaires pour former une planète comme la Terre est gigantesque : il se compte en milliers de milliards. Impossible d'imaginer que la Terre résulte d'un tel nombre de collisions, qui devraient se dérouler dans le temps imparti, soit une dizaine de millions d'années car cela nécessiterait une collision toutes les cinq minutes. La méthode la plus naturelle pour passer d'une myriade de petits objets à quelques gros est la fusion hiérarchique : les planétésimaux fusionnent deux à deux, puis les objets en résultant fusionnent eux aussi deux à deux, et ainsi de suite. À chaque itération, on divise par deux le nombre d'objets, dont la masse individuelle est multipliée par deux. Voilà pour le contexte général, mais le détail du processus n'émerge que lentement, alors que l'idéologie s'immisce involontairement dans la discussion scientifique. Le hasard fait que certains planétésimaux sont situés dans des zones où ceux-ci sont plus nombreux. Certains vont donc croître par fusions successives plus rapidement que d'autres. Mais jusqu'à quel point ? On pourrait penser que leur réservoir de planétésimaux se vidant peu à peu, ceux qui auront connu une croissance précoce et rapide verront celle-ci freinée, faute de matériau disponible pour l'alimenter. D'autres planétésimaux ayant démarré plus lentement leur croissance les rejoindraient ensuite, permettant à chaque planétésimal survivant d'acquérir une masse comparable à ses semblables. Mais on pourrait tout autant arguer que plus un planétésimal est gros, plus sa zone d'influence gravitationnelle est grande et plus il est susceptible de capter des objets de plus petite taille. Dans ce cas, plus il est gros, plus il grossit rapidement. Si j'ai dit que l'idéologie s'est quelque peu immiscée dans la discussion, c'est parce que les tenants d'une croissance plutôt «égalitaire» sont de l'école soviétique, Safronov en tête, alors que les tenants de ce qui sera qualifié de «croissance oligarchique» sont, eux, des chercheurs américains, peut-être plus enclins à privilégier (ou ne pas désavouer) une hypothèse où tous les planétésimaux ne sont pas égaux, et que la croissance de quelques-uns se fait au détriment de tous les autres...

Par la suite, des calculs plus détaillés et autres simulations numériques donnent raison à l'école américaine : les plus rapides au départ sont les mieux dotés à l'arrivée, mais avec nombre de nuances. Les collisions entre planétésimaux mènent parfois à leur fusion, mais parfois aussi à leur dislocation quand la vitesse de collision est trop importante et que l'énergie de la collision est suffisante pour briser les planétésimaux. L'exploration spatiale récente nous a d'ailleurs gratifiés de telles situations. Lancée en 2003, la sonde japonaise *Hayabusa* (« faucon pèlerin » en japonais) avait pour mission d'étudier de près et de tenter de rapporter quelques échantillons de l'astéroïde Itokawa. De très petite taille (moins de 600 mètres dans sa plus grande dimension), cet objet s'est avéré être un agrégat de cailloux et blocs de toutes tailles (de plusieurs mètres à moins d'un millimètre), qui à l'évidence étaient issus du regroupement de débris de collisions passées. Itokawa est donc un « agglomérat lâche », suivant sa dénomination officielle, bien que les scientifiques eux-mêmes emploient plus souvent le terme de « pile de débris », suivant la terminologie anglo-saxonne qui qualifie ces objets de « *rubble pile* ». Plusieurs autres astéroïdes « pile de débris » ont été étudiés de près ces dernières années. On peut citer Ryugu, visité récemment par la sonde japonaise *Hayabusa 2*, ou Bennu, visité par son alter ego américain *Osiris-Rex*. Par ailleurs, l'horizon des planétésimaux n'est pas uniquement de fusionner avec leurs congénères. Des rencontres rapprochées mais sans collision entre planétésimaux vont modifier leur orbite, tout comme la présence, même lointaine, d'objets de plus grande taille. Rien n'assure dans ce contexte que les planétésimaux vont rester indéfiniment autour du Soleil. Nombre d'entre eux sont susceptibles d'être envoyés sur le Soleil, ou, plus fréquemment, d'être éjectés du système : former des planètes génère beaucoup de déchets et, dans ce contexte, il est assez heureux que les disques protoplanétaires soient aussi massifs. S'ils étaient dotés au départ d'une masse comparable à celle de Jupiter (dont la masse domine celle de toutes les autres planètes cumulées), le Système solaire actuel serait fort différent et surtout bien plus chétif.

Mais à propos, si les planètes sont issues de la fusion de planétésimaux, comment se forment les planètes gazeuses ? Ce que j'ai décrit dans les paragraphes précédents concerne tous les types de planète. Au départ, c'est un noyau exclusivement rocheux qui se forme. Le gaz ne peut en effet pas se rassembler par lui-même, il a besoin d'un substrat solide qui va le capter, et ce avec une grande efficacité. Pour former une planète gazeuse, il faut donc de la roche, mais pas forcément beaucoup. Dès qu'un objet de la taille de Mars s'est formé, cela suffit à attirer à lui le gaz environnant. Cependant, le gaz se répartit de façon non uniforme autour de la jeune étoile. Près d'elle, le rayonnement de cette dernière souffle le gaz au loin.

Celui-ci va donc s'accumuler plutôt loin de l'étoile, au-delà de ce que les astronomes appellent la «ligne des glaces», où la température est froide en permanence. C'est au-delà de cette limite que vont se former les planètes gazeuses. Un point pourrait cependant vous intriguer: comment se fait-il que ces planètes soient si massives? Si Jupiter domine en masse toutes les autres planètes, comment se fait-il qu'elle ait pu accumuler tant de masse, alors que cette dernière aurait dû être répartie de façon plutôt uniforme dans le disque? C'est là une question qui longtemps a taraudé les astronomes, et dont la réponse définitive fut donnée par la découverte de 51 Pegasi b: les planètes migrent. Le phénomène est multifactoriel, mais on peut quand même comprendre intuitivement ce qu'il se passe. Quand un embryon de planète se forme, il peut rapidement nettoyer son orbite du gaz qu'elle contient, mais elle est encore cernée par le disque de gaz au sein duquel elle circule, disque qu'elle va déformer sur son passage puisque planète et disque orbitent autour du Soleil à des vitesses différentes. Les interactions entre la jeune planète et le disque sont complexes, mais finalement il est à peu près impossible pour la planète de conserver son emplacement: le rayon de son orbite va, selon les cas, diminuer ou augmenter, lui donnant la possibilité d'attirer à elle des quantités de gaz autrement plus importantes puisqu'en migrant elle va balayer une zone bien plus vaste du disque. Ce phénomène de migration peut dans certains cas avoir des conséquences catastrophiques car il s'amplifie parfois avec le temps, la migration allant en s'accélérant. Des planètes gazeuses, formées loin de leur étoile, peuvent s'en rapprocher substantiellement, au point de frôler leur étoile. C'est exactement le cas de 51 Pegasi b, qui se trouve désormais à moins de 10 millions de kilomètres de son étoile, alors qu'elle s'est probablement formée des dizaines de fois plus loin. À l'inverse, certaines exoplanètes sont étonnamment loin de leur étoile, à une distance dépassant de beaucoup l'extension des disques protoplanétaires connus. Là encore, difficile d'imaginer que de telles planètes se soient formées *in situ*. Sans doute ont-elles, elles aussi, connu un phénomène de migration, mais cette fois dirigée vers l'extérieur. Le point important dans tous les cas est que l'échelle de temps de la migration est courte : moins d'un million d'années. Cela permet aux planètes gazeuses d'acquérir beaucoup de masse dans le temps qui leur est imparti, c'est-à-dire avant la dissipation du disque. À cet égard, le Système solaire offre un aspect singulier : toutes les planètes gazeuses sont situées au-delà de la ligne des glaces et aucune n'en est très éloignée, comme si le phénomène de migration n'avait jamais eu lieu! La réalité est probablement bien plus subtile, mais le fait est que la configuration qu'il donne à voir a longtemps fait douter les astronomes de la réalité du phénomène de migration planétaire, pourtant envisagé de longue date par l'Américain Peter Goldreich (né en 1939) et le Canadien Scott Tremaine (né en 1950) dès la fin des années 1970, en se fondant sur des travaux bien plus anciens du Suédois Bertil Lindblad (1895-1965) un quart de siècle plus tôt. Ce n'est que quand les astronomes ont eu la preuve directe de la réalité des migrations planétaires avec 51 Pegasi b qu'ils l'ont acceptée sans réserve.

Comme les migrations planétaires sont rapides, la croissance des planètes gazeuses l'est tout autant: en moins de cinq millions d'années, l'affaire semble avoir été pliée pour Jupiter. Mais, pour les planètes rocheuses, l'histoire a été bien plus longue, quand bien même elles sont bien moins massives. Formées plus proches du Soleil, ces planètes ne sont pas sujettes au phénomène de migration, dont elles n'ont de toute façon pas vraiment besoin puisque, aux distances où elles se trouvent du Soleil, il n'y a rien à gagner à migrer du fait qu'il n'y a pas de gaz à capter. Comme les planètes rocheuses se forment exclusivement par collisions de planétésimaux et autres embryons planétaires de plus en plus massifs et de plus en plus rares, le processus est fatalement plus lent. On estime par exemple que la phase finale de croissance de la Terre s'est faite par les collisions successives entre une dizaine de planétoïdes de la taille de Mars. Ceux-ci, comme les autres qui ont participé à la formation des autres planètes rocheuses, se sont sans doute formés en une dizaine de millions d'années. Au bout de ce temps, la partie la plus interne du Système solaire était donc composée de quelques dizaines de ces objets, et d'à peu près rien d'autre. Restait donc à ce que tout ce petit monde fusionne pour former un petit nombre de planètes. Dans le vide qui règne désormais dans le Système solaire, ce n'est pas chose facile. Cela paraît même impossible tant la distance qui sépare les embryons planétaires est importante (des dizaines et des dizaines de millions de kilomètres). Mais Dame Nature a de la ressource et va faire appel à un phénomène dont je n'ai pas encore parlé : les résonances.

Les embryons planétaires sont trop peu nombreux pour se rencontrer « par hasard », mais trop nombreux pour que leur influence mutuelle soit anodine. Sous l'effet de la force de gravitation, c'est, en première approximation, le Soleil qui mène la danse : tout le monde tourne autour de lui. Mais, à y regarder de plus près, tous les embryons planétaires ressentent aussi la faible influence gravitationnelle de leurs congénères. Sur quelques années, siècles ou millénaires, celle-ci est trop faible pour jouer le moindre rôle. Mais, sur des durées bien plus longues, les protoplanètes forment un système plus complexe, où un subtil ballet se met peu à peu en place. Lentement mais sûrement, les orbites des différents objets s'influencent les unes les autres. Circulaires au départ, elles se déforment en des ellipses qui s'allongent lentement mais inexorablement, suffisamment pour que l'orbite d'une protoplanète puisse croiser celle d'une autre. Et dans ce cas, les risques de rencontres rapprochées augmentent vertigineusement. Une rencontre rapprochée va, au choix, donner lieu à une collision, ou déformer encore plus l'orbite d'au moins une des deux protoplanètes (la moins massive des deux), lui donnant l'occasion de croiser l'orbite d'un nombre croissant de protoplanètes. Par ce jeu de billard gravitationnel, trois issues sont possibles pour chaque protoplanète : la collision avec une autre, le plongeon dans le Soleil, ou l'éjection pure et simple du Système solaire. Il est difficile de deviner dans quelles proportions ces issues se dérouleront, mais les simulations numériques prenant pour conditions initiales ce que l'on pense être le Système solaire âgé de 10 millions d'années* indiquent que les collisions sont majoritaires, se produisant entre 50 et 75 % des cas : de quelques dizaines de protoplanètes, on finit avec quelques planètes rocheuses, typiquement entre deux et quatre. Notre Système solaire se trouve donc « dans les clous » de cette dernière étape, qui s'avère finalement assez longue : entre cinquante et cent millions d'années. Ce n'est qu'au bout de cette durée que la Terre a acquis sa masse définitive, ou peu s'en faut.

Et la Lune fut

La formation des planètes rocheuses peut donc se résumer à une série de collisions de plus en plus titanesques, dont la plupart des surfaces planétaires solides portent les stigmates. Que ce soit sur la Lune, Mercure, les astéroïdes ou la plupart des satellites glacés des planètes géantes, les cratères sont omniprésents. Pourtant, l'origine de tous ces cratères comme autant de vestiges d'impacts a été longue à accepter. En fait, jusqu'à la fin du XIXe siècle, personne n'imagine que les cratères lunaires avaient une origine autre que

* C'est-à-dire avec des planètes géantes qui n'ont pas migré en direction du Soleil et qui sont restées proches de leur lieu de formation.

volcanique. Ce n'est qu'en 1892 que le géologue américain Grove Gilbert (1843-1918) donne de nombreux arguments contre cette hypothèse, dans un travail aussi remarquable... qu'immédiatement oublié. L'hypothèse de l'origine cosmique des cratères lunaires ne prend réellement chair que dans les années 1950, quand se développent les premiers travaux modernes sur la formation planétaire, initiés entre autres par Safronov. Un des points d'achoppement dans le débat est la forme des cratères : s'ils sont dus à des impacts, alors l'objet impacteur heurte la surface sous un angle assez arbitraire, et les astronomes s'attendent à ce que la forme du cratère créé s'en ressente : un impact vertical peut certainement former un cratère circulaire, mais un impact rasant devrait former un cratère plus allongé. Or presque tous les cratères sont circulaires, ce qui invalide, semble-t-il, l'hypothèse d'un impact. Il faut donc attendre plus d'un demi-siècle pour que la donne change, sous la houlette de l'Américain Ralph Baldwin (1912-2010), qui observe que les petits cratères lunaires ressemblent bien plus à des trous d'obus qu'à des structures volcaniques terrestres. Or les obus et autres engins qui explosent au sol heurtent celui-ci de biais, ce qui n'empêche pas le trou créé par l'explosion d'être circulaire. S'il en est ainsi, c'est juste que l'explosion a un effet qui décroît avec la distance au point d'impact. Que l'impacteur soit doté d'une vitesse latérale ou non par rapport au sol n'y change rien, seul compte le fait que l'énergie soit libérée instantanément au point d'impact, indépendamment de la trajectoire de l'impacteur. La seule faiblesse du raisonnement de Baldwin est l'échelle des phénomènes. Les cratères d'impact, surtout ceux visibles depuis la Terre, sont parfois gigantesques par rapport à des simples trous d'obus car l'énergie qui les a créés (proportionnelle à la masse de l'impacteur) est incomparablement plus grande. L'idéal pour tester cette idée serait de la vérifier avec une explosion de la plus grande puissance possible, ce que la guerre froide permet de faire assez rapidement : certains essais nucléaires durant cette période permettent de montrer que des explosions de forte puissance au sol ou à faible profondeur forment des cratères en forme de bol, exactement comme les petits cratères lunaires. La palme de cette « vérification expérimentale » revient dans ce contexte à l'essai nucléaire américain dénommé Storax Sedan, réalisé en juillet 1962 : il forme un cratère de 100 mètres de profondeur et 390 mètres de diamètre... désormais classé comme monument historique outre-Atlantique.

Les cratères sont donc dus à des impacts, et comme les impacteurs eux-mêmes résultent de la fusion progressive de planétésimaux de petite taille, les impacteurs de petite taille sont bien plus nombreux que ceux de grande taille. Aussi ce sont les petits cratères qui dominent, les plus gros, souvent plus anciens, étant en partie recouverts par d'autres, plus petits et plus récents. Au jeu des plus gros spécimens, la Lune est bien lotie : la mer des Pluies est une vaste zone circulaire sombre située au centre de l'hémisphère visible de notre satellite, côté nord. D'un diamètre dépassant les 1 100 kilomètres de diamètre, elle est un des plus gros vestiges d'impact de tout le Système solaire, même si, plus loin de nous, les bassins Caloris sur Mercure (1 550 kilomètres), ou Hellas sur Mars (2 100 kilomètres) le dépassent largement. Ces immenses structures ne sont plus qualifiées de cratères mais de bassins d'impact car elles n'ont pas du tout la forme de bol des petits cratères, mais un fond relativement plat : l'énergie de l'impact se propage plus latéralement qu'en profondeur, ce à quoi s'ajoute la plasticité acquise par les roches lors de l'impact qui leur permet de se comporter un peu comme un fluide dont la surface va approximativement épouser l'horizontale du lieu. Pour la Lune, la situation sera renforcée par le volcanisme qui verra le sol se fissurer en de nombreux endroits d'où jailliront d'immenses quantités de lave, remplissant notamment les zones de faible altitude de notre satellite, parmi lesquelles les grands bassins d'impact. D'une couleur plus foncée que le reste des roches lunaires, ces épanchements de lave rendent visibles quelques-unes des plus grandes « mers » lunaires (leur dénomination officielle), parmi lesquelles la mer des Pluies ou celle de la Tranquillité, lieu d'alunissage de la mission *Apollo 11*.

Mais la plus grande cicatrice de tout le Système solaire est à nouveau à chercher du côté de notre satellite. Il ne s'agit pas du bassin Pôle Sud-Aitken, englobant comme son nom le suggère le pôle Sud de notre satellite. Il est assez peu visible, son ancienneté l'ayant peu à peu effacé par d'innombrables impacts ultérieurs de plus petite taille, mais avec ses 2 500 kilomètres de diamètre, il dépasse tous ses concurrents. Pourtant, ce n'est pas lui le vestige en question. Il ne se trouve pas non plus sur Terre, car... c'est la Lune elle-même. Notre satellite est en effet un cas à part dans la vaste zoologie des satellites du Système solaire. Ce n'est certes pas le plus gros (il est dépassé par Titan, satellite de Saturne, ainsi que trois des gros satellites de Jupiter, à savoir Ganymède, Io et Callisto), mais rapporté à la taille ou la masse de sa planète d'attache, il n'a pas d'égal. Avec un diamètre de 3 500 kilomètres, il est seulement trois fois et demie plus petit que la Terre, et quatre-vingt-une fois moins massif, un chiffre assez peu élevé comparé aux satellites les plus massifs des autres planètes : celui-ci monte à plus de 4 000 pour les couples Neptune-Triton et Saturne-Titan et dépasse 12 000 pour Jupiter-Ganymède. De tout le Système solaire, il n'y a qu'un couple aussi proche en mensuration : Pluton et son principal satellite, Charon, dont on va bientôt parler. Les astronomes ont beaucoup cherché quels processus ont pu aider la Terre à acquérir un si imposant satellite, mais en vain, à l'exception d'un unique scénario : celle de l'impact géant. La Terre est issue, vous ai-je dit, de la fusion d'une dizaine de planétoïdes de la taille de Mars, et c'est lors d'une de ces collisions, probablement la toute dernière, qu'est née la Lune.

Même quand les impacts donnent lieu à la fusion entre les impacteurs, la collision génère quantité de débris de petite taille. La plupart finissent par retomber sur l'objet formé, les autres étant expulsés. Seule une petite partie d'entre eux sont dotés d'une trajectoire qui leur permet de se satelliser autour, mais c'est pourtant ainsi que la Lune s'est formée, à la suite d'un impact entre la future Terre et un objet de la taille de Mars, baptisé Théia. On ne sait pas grand-chose de cet objet, ni s'il s'est formé au voisinage de la Terre ou bien plus loin. La seule chose que l'on peut essayer de reconstituer, ce sont ses caractéristiques générales et, surtout, la cinématique de sa collision. Si Théia avait frontalement percuté la Terre, elle aurait intégralement été absorbée, à l'exception de quelques débris qui seraient pour certains retombés sur la Terre et pour d'autres éloignés à l'infini. Pour former un objet aussi massif que la Lune à l'issue d'une collision, il faut que cette dernière ait été rasante, de sorte qu'elle génère un maximum de débris qui vont se trouver dans une trajectoire la plus ample possible. En heurtant la Terre à une vitesse d'au minimum 28 000 kilomètres par heure, Théia aurait été en grande partie désintégrée, à l'exception de son noyau métallique, seulement déformé, un gage de solidité qui aurait ensuite causé sa perte : ralenti par le choc initial, il ne se serait que faiblement éloigné de la Terre avant de retomber définitivement dessus. Seule une petite partie de celui-ci, séparée du reste par l'impact, aurait continué sa route autour de la Terre. Le reste de Théia aurait en majorité été absorbé par notre planète, une petite fraction (peut-être 5 ou 10 % de sa masse) ayant réussi à se satelliser, emportant avec elle une quantité comparable de l'enveloppe superficielle de la Terre. En quelques jours à peine ou années tout au plus, nous disent les simulations, tout cela aurait fugacement formé un anneau planétaire temporaire puis se serait réagrégé en un astre unique, la Lune.

Un tel scénario n'est pas certain mais, faute de concurrents viables, il demeure le seul en lice. Surtout, il explique bien des choses. Si la Lune a une densité plus faible que la Terre, c'est en grande partie parce que son noyau métallique est de petite masse, ce qui résulte naturellement, nous disent des simulations numériques, d'un impact : à l'issue de celui-ci, le corps satellisé est majoritairement composé des enveloppes superficielles rocheuses des deux corps de départ, le cœur métallique de l'impacteur ayant, lui, majoritairement été absorbé. L'impact explique aussi l'étonnante similarité de composition entre la Lune et la Terre, qui aurait été difficile à expliquer si la Lune s'était formée loin de la Terre et avait été capturée ultérieurement par celle-ci. En prime, l'impact explique que l'axe de rotation de la Terre n'est pas perpendiculaire au plan de son orbite. Cette inclinaison – qui explique les nuits polaires et autre soleil de minuit et qui rythme le cycle des saisons – est facilement explicable dans le cas d'un impact rasant : l'impacteur aurait été suffisamment massif pour purement et simplement faire basculer l'axe de rotation de la proto-Terre de vingt ou trente degrés. Enfin, les analyses des roches lunaires rapportées par les missions *Apollo* ont révélé que celles-ci étaient plus pauvres en eau et gaz que leurs équivalents terrestres. Cela s'expliquerait ici par le fait que la Lune et la jeune Terre auraient, à l'issue de l'impact, été liquéfiées puis auraient dégazé une grande partie de ces éléments volatils, mais qu'avec sa masse et son champ de gravité plus élevés, la Terre aurait pu les garder captifs avant de les incorporer à nouveau, ce que la Lune n'aurait pu faire.

Bien sûr, il existe aussi des raisons de penser que ce scénario n'explique pas tout. Par exemple, le mélange des matériaux de la Terre et Théia ne peut être parfait, aussi Terre et Lune devraient-elles présenter plus de différences que ce qui est observé. Mais ce sont des problèmes considérés comme plutôt mineurs, qu'une modélisation plus fine devrait *a priori* pouvoir résoudre. Après tout, il existe une grande diversité de scénarios d'impact dans lesquels on peut faire varier la masse et la composition chimique des deux corps, la géométrie de la collision et quelques autres paramètres, et le tout donne une grande diversité d'issues possibles dont toutes n'ont pas été explorées, ces impacts géants étant notoirement difficiles à modéliser. Surtout, il existe bien d'autres traces indirectes d'impacts géants dans le Système solaire, nombreuses au point d'être presque omniprésentes. Cela commence avec Mercure, la plus petite des planètes, mais aussi la plus dense, à égalité avec la Terre. Une telle égalité révèle cependant bien des différences. La densité d'un astre dépend en effet à la fois de sa composition et de sa masse : plus il est massif, plus la matière sera comprimée par l'intense champ de gravité qu'elle possède. Si deux planètes de masses très différentes comme la Terre et Mercure, dix-huit fois moins massive, ont la même densité, cela signifie qu'en proportion Mercure possède bien moins de roches et bien plus de métaux, ce que les modèles de formation planétaire ne sont pas capables de reproduire. La solution la plus naturelle est que Mercure ait, comme la Terre, subi un impact géant qui l'aurait enrichie en métaux par l'impacteur mais appauvrie en roches, la matière éjectée ayant cette fois échoué à se satelliser autour d'elle, soit parce que la configuration de l'impact ne l'a pas permis, soit pour une autre raison que l'on va voir au prochain chapitre.

Bien plus loin de nous, Uranus possède une propriété étonnante : son axe de rotation est presque contenu dans le plan de son orbite, ce qui est d'autant plus surprenant qu'elle est majoritairement composée de gaz qui devraient tourner autour de la planète selon le même axe qu'ils orbitaient autour du

Soleil. L'explication envisagée est la même que pour la Terre : un impact peut-être encore plus dramatique aurait complètement fait basculer son axe de rotation. Plus loin encore, la planète naine Pluton n'a pas été épargnée non plus. Découverte en 1930 par l'Américain Clyde Tombaugh (1906-1997), Pluton est dans un premier temps considérée comme une planète, possiblement comparable en termes de taille et de masse à Uranus et Neptune, avant que les astronomes ne comprennent qu'il s'agit d'un objet bien plus petit, inférieur en taille et en masse à la Lune. Cette raison et quelques autres poussent en 2006 les astronomes à déchoir Pluton du statut de planète au profit d'une nouvelle catégorie, celle des planètes naines, des objets suffisamment gros pour être sphériques mais pas assez massifs pour dominer en termes de masse la région balayée par leur orbite. La chose est vécue comme un petit drame outre-Atlantique, certains Américains regrettant de perdre « leur » planète, celle qu'un des leurs a découverte. En tout état de cause, Pluton est un objet d'une grande richesse, notamment du fait de son principal satellite, Charon, découvert seulement en 1978 par l'Américain James Christy (né en 1938). Il forme avec Pluton un système plus resserré et surtout encore plus égalitaire que le système Terre-Lune, avec un rapport de masse de seulement neuf. Mais, comme pour le système Terre-Lune, il existe un écart de densité entre les deux astres, Charon, le plus petit, étant aussi le moins dense. À nouveau, une telle configuration s'explique naturellement par un impact géant, et si les deux objets sont cette fois si proches en masse, c'est parce que la collision qui leur a donné naissance s'est déroulée avec des objets plus semblables en termes de masse et à plus faible vitesse. En effet, les trajectoires loin du Soleil sont bien plus lentes : Pluton orbite autour de notre étoile environ six fois plus lentement que la Terre. Les vitesses relatives entre impacteurs sont donc plus faibles, tout comme l'énergie de la collision, qui permet au système de survivre plus facilement à une collision, même quand les deux objets sont de masse comparable, ce qui *in fine* permet à un couple moins dissymétrique de se former à l'issue de la collision.

On pense que la Lune a été formée par le dernier impact subi par la Terre car un impact ultérieur aurait eu de fortes chances de déstabiliser un couple planète-satellite préexistant. Comme les planètes rocheuses se forment plus lentement que leurs consœurs gazeuses, il n'est pas exclu que la formation de la Lune ait été le dernier événement majeur de l'enfance du Système solaire. Le gros œuvre est donc terminé à ce moment-là, probablement 50 à 100 millions d'années après la naissance du Soleil, c'est-à-dire il y a entre 4,5 et 4,45 milliards d'années. Reste maintenant à peaufiner les nombreux détails qui font du Système solaire ce qu'il est aujourd'hui.

CHAPITRE 6

FINITIONS

Ordre intérieur

Une fois formée, la Terre est loin d'avoir acquis sa structure définitive. Il reste de très nombreuses finitions à réaliser. L'événement le plus important que doit encore connaître notre planète est ce que les astronomes appellent la différenciation. Contrairement à ce qu'imaginait Jules Verne dans son célèbre roman, il est impossible d'accéder directement au centre de la Terre, trop chaud, trop écrasant, mais il est possible de sonder sa structure à distance. Notre planète n'est en effet pas une sphère parfaite car elle tourne sur elle-même, ce qui lui confère un faible aplatissement dont la mesure fut une des grandes aventures scientifiques du XVIIIe siècle*: la distance qui sépare le pôle Nord du pôle Sud est 0,3 % plus petite que son diamètre mesuré au niveau de l'équateur. La trajectoire des

* Voir, de nouveau, *Pourquoi la Terre est ronde*.

satellites artificiels autour de notre planète est légèrement influencée par cet écart à la sphéricité et, mieux, elle est également sensible au profil de densité de l'intérieur terrestre : deux objets de même masse et de même forme ne génèrent pas exactement le même champ de gravité selon que l'un est de densité uniforme ou que l'autre est peu dense en surface et plus dense au centre. Cette propriété permet de déterminer l'intérieur terrestre par la télémétrie précise des satellites artificiels en orbite autour de notre planète, et il en ressort que la Terre n'est absolument pas de densité uniforme : alors que les roches de surface ont une densité de 2,5 (comprendre que la masse moyenne d'un centimètre cube de ces roches est de 2,5 grammes), la densité moyenne de la Terre avoisine les 5,5 et dépasse les 13,6 au centre. Que le centre de la Terre soit plus dense que sa surface n'est pas surprenant : si l'intérieur terrestre est suffisamment fluide, alors il est normal que ses constituants les plus denses « coulent » vers le fond et que les moins denses « flottent » en surface.

C'est cela que les astronomes appellent la différenciation, c'est-à-dire la stratification des différents constituants d'un astre en fonction de leur densité. Si l'on met bout à bout la chaleur accumulée lors des titanesques impacts qui ont présidé à sa formation, plus la chaleur dégagée par les éléments radioactifs qu'elle contient (l'uranium par exemple), alors il n'y a rien de surprenant à ce que la Terre ait subi cette différenciation, comme toutes les autres planètes d'ailleurs. L'exploration spatiale a permis de sonder leur structure interne exactement de la même façon que la Terre pour un résultat identique. Il est en revanche difficile, voire impossible, de dater cette différentiation. On ne sait pas si elle s'est faite au moment des impacts géants, ou de façon retardée, initiée par le chauffage progressif de l'intérieur terrestre par la radioactivité, par exemple. On ne sait pas non plus si elle s'est faite d'un coup ou en plusieurs épisodes. Ce qui est certain, c'est que cette différenciation a elle-même généré de la chaleur : les frottements des éléments les plus denses en train de migrer vers le centre ont généré une chaleur supplémentaire, qui a contribué à rendre l'intérieur terrestre encore plus chaud, un phénomène dont la Terre actuelle est encore tributaire.

Comme la plupart des planètes, la Terre a un champ magnétique dû au fait qu'elle possède en son sein des masses à la fois fluides et conductrices d'électricité. Le cœur de la Terre est en effet très majoritairement métallique (les métaux sont plus denses que les roches) et, étant situé au centre, il a conservé suffisamment de chaleur pour être encore en partie à l'état liquide. De quels métaux est-il composé, d'ailleurs ? Il est tentant de chercher des métaux particulièrement denses comme le plomb ou le mercure qui ont des densités de 11,2 et 13,5, mais la réalité est plus banale. Il n'y a que très peu de plomb ou de mercure dans l'Univers eu égard aux difficultés qu'ont les étoiles pour en produire (voir le chapitre 3). Le cœur de notre planète est très majoritairement composé du métal le plus commun dans l'Univers, à savoir le fer. Sa densité en surface n'est que de 7,8 mais avec les pressions gigantesques qui règnent au centre de notre planète, le fer est comprimé et sa densité augmente de 75 %, pour atteindre le chiffre de 13,6 cité plus haut. Anecdote amusante, pendant longtemps il n'était pas possible expérimentalement de produire en laboratoire des pressions aussi élevées que celles qui règnent au centre de la Terre. C'est donc l'étude de notre planète et quelques autres astres qui était la plus grande pourvoyeuse du comportement de la matière à de telles pressions !

Plus surprenant, des objets bien plus petits que la Terre semblent eux aussi avoir été différenciés. C'est notamment le cas du second plus gros astéroïde, Vesta, évoqué au chapitre 1, avec seulement 560 kilomètres dans sa plus grande dimension. Ni les impacts qui l'ont formé, ni les matériaux radioactifs qui aujourd'hui chauffent l'intérieur de notre planète ne semblent suffisants pour expliquer sa fonte car, du fait de sa petite taille, ses déperditions de chaleur en surface sont plus importantes que pour un objet plus grand. En principe donc, il n'y a pas de raison pour que la différenciation de Vesta ait eu lieu. Pourtant, ce fut le cas. Pour résoudre ce paradoxe, les astronomes considèrent comme probable le fait que le Système solaire primitif était riche en substances radioactives abondantes mais de courte durée de vie. Une seule possibilité pour cela : au moment de sa formation, le Système solaire a été « ensemencé » d'espèces radioactives fraîchement fabriquées au sein d'une supernova proche, une hypothèse tout à fait plausible du fait que les étoiles naissent en groupes au sein desquels se forment et explosent rapidement quelques spécimens particulièrement massifs. Les traces trouvées dans des météorites primitives des produits de désintégration de ces espèces évoquées au chapitre 4 (fer 60 et aluminium 26) expliquent ainsi pourquoi bien des corps de petite taille mais formés tôt dans l'histoire du Système solaire aient pu être différenciés, et au passage apportent une cohérence inattendue à tout ce scénario qui s'étend des zones de formation d'étoiles à la structure interne des petits astéroïdes.

Si la différenciation de la Terre et les conditions qui l'ont permise ne font pas débat, un paradoxe apparaît cependant. Si les éléments chimiques migrent vers le centre d'autant plus facilement qu'ils sont denses, comment se fait-il que certains métaux particulièrement denses comme l'or et l'uranium soient malgré tout présents à la surface de notre planète ? Pour l'uranium, le paradoxe n'en est pas un. Ses affinités chimiques font qu'il est amalgamé avec diverses roches peu denses et qu'il peut donc rester en surface. En fait, ce phénomène est tellement efficace que l'on considère qu'il n'y a quasiment aucune trace d'uranium dans les régions les plus internes de notre planète. Pour l'or, en revanche, cet argument ne vaut pas. L'or ne se lie pas spécialement à d'autres composés rocheux et si notre planète avait, par exemple, été intégralement fondue à un moment de son histoire, alors aucune trace d'or ne devrait être présente en surface, *idem* pour le platine et quelques autres métaux. Pour comprendre pourquoi les choses ne se sont pas passées ainsi, on va devoir s'éloigner significativement de notre planète et investiguer une autre anomalie dans la ceinture d'astéroïdes, en apparence sans rapport avec cette discussion mais qui va l'éclairer sous un jour inattendu.

Anomalies apocalyptiques

Un des résultats les plus surprenants des missions *Apollo* a été l'âge des roches rapportées. Depuis les six sites d'alunissage, et malgré plus de 400 kilogrammes d'échantillons rapportés, presque aucune roche n'affiche plus de 4 milliards d'années au compteur. Cela est d'autant plus surprenant que plusieurs des sites d'alunissage étaient situés au voisinage de vastes bassins d'impact, telle la mer des Pluies, la vaste zone gris foncé située au milieu de l'hémisphère nord de notre satellite. Or, si on considère que le réservoir de planétésimaux s'est rapidement vidé de ses plus gros éléments (les moins nombreux) lors de la formation planétaire, on se serait attendu à ce que ces bassins d'impact aient été quasi contemporains de la formation de la Lune, il y a 4,45 ou 4,5 milliards d'années de cela. Or ça n'est pas le cas. Un résultat similaire a été constaté sur Terre : presque aucune roche de notre planète n'est âgée de plus de 3,8 milliards d'années. Seuls de minuscules cristaux, de zircon notamment, sont plus vieux. On peut à la rigueur imaginer que sur Terre les processus d'érosion aient effacé toute trace des roches anciennes. Mais pour la Lune, astre géologiquement mort, c'est largement moins envisageable.

Plusieurs autres bizarreries, en apparence sans rapport les unes avec les autres, ont été remarquées dans le Système solaire. La première concerne les astéroïdes. Ceux-ci sont des planétésimaux qui n'ont pas eu l'occasion de s'agglomérer en planète. Rien de surprenant, mais le plus curieux est qu'il n'y a pas tant d'astéroïdes que cela. Plus précisément, il y en a beaucoup en nombre mais, comme ils sont petits, cela ne correspond pas à une masse importante. Ces objets sont dominés en termes de masse par Cérès, le plus gros d'entre eux. À lui seul, il représente 30 % de la masse combinée de ces objets, mais ses mensurations sont bien modestes : à peine 1 000 kilomètres de diamètre et un six millième de la masse de notre planète. Si l'imaginaire populaire a longtemps associé les astéroïdes à une planète avortée, ou une ancienne planète désormais détruite, le compte n'y est pas du tout : mis tous ensemble, ils formeraient un astre des dizaines de fois moins massif que la Lune. C'est là un problème pour les astronomes : il n'y a pas de raison que le processus de formation planétaire ait été efficace au point de ne laisser derrière lui que si peu de masse.

Une deuxième bizarrerie, assez comparable, est à chercher au-delà de l'orbite de Neptune. On y trouve Pluton, ainsi que quelques autres objets de taille modeste comparés à la Lune... mais pas grand-chose finalement. À nouveau, il est pour le moins étrange que des objets comme Pluton aient pu se former en ramassant de la matière sur une si vaste zone alors qu'il ne semble pas y avoir tant de matière disponible.

Une dernière bizarrerie est à noter au niveau de l'orbite de Jupiter. On sait grâce aux travaux de l'astronome français d'origine italienne Joseph-Louis Lagrange (1736-1813) qu'une planète peut être accompagnée dans sa course autour du Soleil par des objets situés à une même distance du Soleil mais qui comptent un sixième de tour d'avance ou de retard sur elle. Ces objets sont qualifiés d'astéroïdes « troyens », parce que le premier de ce type à avoir été découvert, qui accompagne Jupiter, avait été nommé Achille : par la suite, il fut décidé que les astéroïdes partageant des orbites similaires seraient nommés du nom de héros de la guerre de Troie, en prenant bien sûr soin de séparer le camp grec (les astéroïdes qui précèdent Jupiter sur son orbite) du camp troyen (les astéroïdes qui le suivent), Jupiter, c'est-à-dire Zeus, le roi des dieux, se chargeant de maintenir chaque groupe à distance l'un de l'autre. Le point intriguant est qu'il existe une population assez importante de ces astéroïdes troyens (plus de 10 000 connus, et bien d'autres de plus petite taille), mais que l'étude de leur lumière indique que ce sont souvent des objets assez différents des autres astéroïdes, situés à une distance intermédiaire de Mars et Jupiter. Que des astéroïdes initialement situés entre Mars et Jupiter se soient éloignés du Soleil pour ensuite être capturés par la géante et devenir des troyens est éventuellement possible mais, dans ce cas, ils devraient présenter les mêmes caractéristiques de surface que leurs congénères restés plus proches du Soleil. Or, ici, les astéroïdes troyens présentent plusieurs similitudes avec les comètes les moins actives.

La solution à tous ces paradoxes sans liens apparents les uns avec les autres a été ébauchée en 2005 par des astronomes de l'observatoire de Nice, menés par l'Italien Alessandro Morbidelli (né en 1966). Ils ont compris qu'une fois formées, Jupiter et Saturne pouvaient cohabiter de façon relativement paisible dans presque toutes les situations, *sauf* si, au hasard de leur migration, Saturne se mettait à boucler une orbite autour du Soleil alors que Jupiter en effectuait exactement deux. À ce moment-là, les orbites des planètes, notamment celle de Saturne, pouvaient se déformer, passant d'une forme circulaire à une ellipse. Dans ce cas, Saturne effectuerait des excursions bien plus loin du Soleil que sa distance moyenne à celui-ci, et serait susceptible d'affecter plus fortement les orbites d'Uranus et Neptune. Que se passerait-il alors ? On assisterait en quelques millions d'années à un vaste chamboulement de l'agencement de trois des quatre planètes géantes du Système solaire : si Jupiter ne bougerait guère, Saturne s'éloignerait subitement de Jupiter et « pousserait » aussi Uranus et Neptune loin du Soleil, ces deux dernières étant même susceptibles d'échanger leur position. Même si Neptune est aujourd'hui située 1,5 milliard de kilomètres plus loin du Soleil qu'Uranus, rien n'interdit qu'elle se soit formée plus près du Soleil que sa jumelle ! Plus important pour ce qui nous intéresse ici, les petits corps du Système solaire seraient encore plus impactés. Loin d'être des spectateurs passifs de cet étrange ballet, eux aussi auraient vu leurs orbites fortement perturbées et auraient pour beaucoup été amenés à croiser les orbites des autres planètes, provoquant maints impacts, quand ils n'auraient pas purement et simplement été éjectés du Système solaire, ou, pour les objets situés au-delà de l'orbite de Neptune, expulsés à très grande distance. Le moment de déclenchement de cette réaction en chaîne est impossible à prévoir : il dépend de la position initiale des planètes et de la façon dont elles interagissent avec les planétésimaux encore présents. Mais, disent les astronomes de l'observatoire de Nice, cela peut sans problème se produire des centaines de millions d'années après la formation des planètes. Voilà donc l'origine de la relative « jeunesse » des surfaces de la Terre et de la Lune : elles ont été violemment remodelées au moment où Jupiter et Saturne ont improvisé ce ballet aux conséquences en cascade. La Terre et la Lune (ainsi que les autres planètes rocheuses) ont donc subi un intense bombardement, sobrement appelé le Grand Bombardement tardif, mais les conséquences ne se sont pas arrêtées là. Comme la surface de la Terre était refroidie depuis bien longtemps, le matériau apporté par ces impacts n'a pas eu l'occasion de plonger dans les entrailles de notre planète, au premier chef desquels les matériaux denses comme l'or et le platine qui l'avaient fait jusqu'alors. Voilà donc pour l'origine des plus célèbres des métaux précieux.

Le réservoir d'astéroïdes s'est largement vidé, sans doute de plus de 90 %, tout comme, dans des proportions plus grandes encore, celui des objets transneptuniens (c'est-à-dire situés au-delà de l'orbite de Neptune). Par ailleurs, en migrant vers l'extérieur, Neptune a pu entraîner dans sa dérive divers objets situés plus loin qu'elle. C'est par ce biais que Pluton a acquis son étrange orbite qui lui fait accomplir deux révolutions autour du Soleil quand Neptune en accomplit exactement trois. Au départ, Pluton orbitait autour du Soleil sans doute plus « librement », sans subir d'influence gravitationnelle notable de la part de Neptune, mais les choses ont changé lors de la migration extérieure de Neptune, qui a comme capturé Pluton ou, disons, l'a fait passer dans sa zone d'influence. Si Pluton est l'objet le plus connu à avoir subi ce sort, il est loin d'être le seul. À la suite de la découverte de Pluton, et en particulier après qu'il a été acquis qu'il s'agissait d'un objet de masse modeste, des astronomes comme Kenneth Edgeworth (1880-1972) ont soupçonné qu'il était loin d'être le seul objet transneptunien. De même qu'il existe une ceinture d'astéroïdes, il doit exister une ceinture d'objets transneptuniens, aujourd'hui improprement appelée ceinture de Kuiper*. Il a cependant fallu attendre 1992 pour que Pluton ne soit plus un corps isolé grâce à la découverte d'Albion, le second objet transneptunien connu. À partir de cette date, les objets transneptuniens ont été découverts à un rythme croissant et on en connaît désormais plus d'une centaine qui présentent la même particularité

---

* En effet, Kuiper considérait à tort que Pluton avait une masse comparable à celle de Neptune et qu'il n'était pas nécessaire de faire appel à une vaste population d'objets de petite taille au-delà de Neptune.

orbitale que Pluton et sont qualifiés à ce titre de « plutinos », ou objets en résonance 2:3. On en connaît aussi plusieurs dizaines d'autres qui effectuent une révolution autour du Soleil quand Neptune en fait deux: ce sont les twotinos (en résonance 1:2), auxquels s'ajoutent des dizaines et des dizaines d'objets soumis à d'autres types de résonance (4:7 ou 3:5, par exemple). Il est très difficile d'expliquer une population aussi nombreuse d'objets sous l'influence de Neptune autrement que par le fait qu'ils ont été piégés les uns après les autres dans ce genre d'état par la migration de la planète, qu'ils ont ensuite accompagnée dans ses pérégrinations.

Les choses ne s'arrêtent pas là. Les objets transneptuniens sont bien plus riches en eau que ceux du Système solaire interne. Ceux qui parmi ces objets ont migré vers le Soleil pourraient, en s'écrasant sur la Terre, lui avoir apporté d'importantes quantités d'eau qui autrement auraient été indisponibles si près du Soleil. Même si ce n'est qu'une hypothèse en manque de confirmation décisive, l'eau des océans pourrait très bien provenir en majorité de comètes formées des dizaines de fois plus loin du Soleil que la Terre. En prime, certains objets transneptuniens pourraient être passés sous l'influence gravitationnelle de Jupiter, expliquant la population d'« astéroïdes » troyens, qui seraient en fait, à nouveau, d'anciennes comètes désormais inactives. La mission *Lucy* de la Nasa, lancée en 2021 en direction des astéroïdes troyens de Jupiter, devrait apporter un éclairage particulièrement précieux à ce sujet dans les années qui viennent, après avoir survolé une demi-douzaine d'entre eux.

Ces phénomènes de migration apportent, enfin, un éclairage sur les objets les plus distants de tout le Système solaire : les comètes. En 1950, l'astronome néerlandais Jan Oort (1900-1992) remarque que nombre de comètes observées proviennent de régions extrêmement distantes et sont plus actives que les comètes s'éloignant moins du Soleil. Il en déduit qu'il existe un très vaste réservoir de comètes, baptisé nuage de Oort en son honneur, riche de peut-être cent milliards, voire mille milliards d'objets et s'étendant à largement plus d'une année-lumière du Soleil. À nouveau, il apparaît impossible que des comètes aient pu s'agglomérer les unes après les autres dans une telle immensité et il semble indispensable que leur origine soit à trouver bien plus près du Soleil, un événement ultérieur les ayant envoyées à bien plus grande distance, avant que le hasard des passages rapprochés d'autres étoiles amènent certaines d'entre elles à plonger vers le Soleil et à illuminer parfois les nuits terrestres, pour le plus grand plaisir des amoureux du ciel.

Atmosphères, atmosphères

L'autre caractéristique qui manque encore à la Terre très jeune, c'est son atmosphère. Difficile en effet d'imaginer que la Terre primitive, celle d'avant l'impact avec Théia (voir le chapitre 5), ait pu conserver son éventuelle atmosphère après avoir été heurtée à près de 30 000 kilomètres par heure par un objet de la taille de Mars. Il est hautement probable que celle-ci a été soufflée par l'impact. Il est de toutes façons difficile d'envisager que la Terre ait possédé une atmosphère avant cet impact-là puisque peu de temps avant, un autre impact tout aussi titanesque avait eu lieu. Et un autre encore avant, etc. À ce jeu-là, la première atmosphère qu'ait possédée notre planète a peut-être été composée... de vapeurs de roche, instantanément passées à l'état gazeux à la suite de chacun de ces impacts géants. Mais en se refroidissant, ces vapeurs de roche ont fini par se condenser et retomber en surface pour y rester définitivement.

Aussi, tout porte à croire que la Terre a acquis une atmosphère, qualifiée de « secondaire », après la série d'impacts géants qui ont fabriqué la planète elle-même. Lors du tout début de la formation des embryons de planète, les poussières et autres grains de petite taille ont emprisonné d'infimes quantités de vapeur d'eau, de dioxyde de carbone, d'ammoniac, de méthane et autres gaz. Ceux-ci sont restés piégés jusqu'à la formation de la Terre où, par la suite, les roches liquides en surface ont suffisamment dégazé pour former cette atmosphère. Ce scénario est d'autant plus probable que lorsque les planètes se forment effectivement, tout le gaz situé au voisinage du lieu de formation de la Terre a été soufflé par le Soleil. Seul celui incorporé dans les premiers grains solides est resté sur place, et il va rester captif de ces grains puis, plus tard, des blocs de plus grande taille formés par les grains agglomérés. Ce scénario d'une atmosphère secondaire est indirectement confirmé par un gaz discret qui compte pourtant parmi les plus abondants de l'atmosphère actuelle : l'argon. Avec dix-huit protons, l'argon est fabriqué sans trop de difficulté par les supernovæ, qu'elles soient celles à effondrement de cœur des étoiles massives ou celles, thermonucléaires, issues des collisions de naines blanches (voir le chapitre 3). Mais, dans un cas comme dans l'autre, il s'agit d'argon 36, avec autant de neutrons que de protons, qui résulte de captures successives de noyaux d'hélium 4, eux aussi dotés d'autant de protons que de neutrons. Or l'argon terrestre n'est pas de l'argon 36, mais de l'argon 40, riche de quatre neutrons de plus. Celui-ci, nous disent les physiciens nucléaires, n'a qu'une origine possible : la radioactivité naturelle du potassium 40 induite par la capture d'un électron. Celui-ci va fusionner avec un proton du noyau pour se donner un neutron et transformer le noyau de potassium 40 en argon 40. Cet argon 40 que vous respirez depuis votre naissance n'est donc rien d'autre qu'un résidu de désintégration radioactive ! Surtout, c'est la preuve qu'au moins une partie de l'atmosphère de la Terre s'est formée bien après sa naissance.

La Terre possède donc une atmosphère et les autres planètes rocheuses en ont acquis une dans les mêmes circonstances. C'est là cependant leur seul point commun à ce niveau. En effet, Mercure n'a pas d'atmosphère, celle de Vénus est des centaines de fois plus dense que celle de notre planète, elle-même bien plus dense que celle de Mars. Comment se fait-il dans ce cas que ces atmosphères diffèrent autant les unes des autres ? Par le fait que leur évolution ultérieure dépend de nombreux facteurs. Tout d'abord, une atmosphère étant chauffée par le Soleil, certains des atomes ou molécules qui la composent ont toujours une chance d'acquérir une vitesse importante par le jeu des collisions avec leurs congénères (souvenez-vous, la température et une mesure de l'agitation des atomes à l'échelle microscopique, voir le chapitre 3). Même si c'est très rare, la vitesse acquise peut être suffisamment importante pour que l'atome ou la molécule échappe à l'attraction de la planète. Ainsi, les atmosphères sont vouées à s'évader lentement, voire à disparaître si aucun autre phénomène ne les renouvelle. À ce jeu, plus une planète est petite et plus elle est chauffée par le Soleil, plus son atmosphère s'évade rapidement. C'est la raison pour laquelle Mercure n'a pas, ou plutôt n'a plus d'atmosphère : trop peu massive et située bien trop près du Soleil, la plus petite des planètes n'avait aucune chance de la conserver. *Idem* pour la Lune, certes plus loin du Soleil mais encore moins massive que Mercure. La Terre et Vénus sont en revanche mieux loties car suffisamment massives pour retenir leur atmosphère respective. Celles-ci diffèrent beaucoup l'une de l'autre en plusieurs aspects, pour des raisons qui sont en grande partie liées à la biosphère terrestre : les organismes vivants ont eu un effet considérable sur l'atmosphère terrestre, comme on va le voir dans le prochain chapitre. En revanche, celles de Mars et de Vénus se ressemblent beaucoup en termes de composition : dans les deux cas, elles sont largement dominées par le dioxyde de carbone (plus de 95 %), le second composé le plus abondant étant l'azote (environ 3 %). Qui dit atmosphères comparables suggère une origine commune, à savoir le dégazage des volcans, présents sur Mars et très abondants sur Vénus, et dont les gaz majoritaires sont probablement, comme sur Terre, le dioxyde de carbone et la vapeur d'eau. Sur Mars, les températures très basses font que cette eau se transforme en glace au contact de la surface et est très largement absente de l'atmosphère. Sur Vénus, les choses sont plus compliquées et on ne sait pas bien pourquoi elle a perdu son eau, même si plusieurs hypothèses existent. Ce qu'on sait, en revanche, c'est pourquoi l'atmosphère de Vénus est incomparablement plus dense : Vénus, comme Mars et la Terre, a constamment produit son atmosphère par le dégazage volcanique. Sur Terre, les organismes vivants ont œuvré à fixer ce carbone et efficacement diminué sa concentration atmosphérique au point que celle-ci est très largement inférieure à celle de l'azote, pourtant bien moins abondant au départ. En l'absence de biosphère, rien de tel ne s'est produit sur Vénus. De plus, les roches terrestres sont capables de fixer une partie du dioxyde de carbone dans un processus entretenu par la tectonique des plaques qui renouvelle, fût-ce lentement, la surface de notre planète et pérennise ses capacités de captation du carbone.

Sur Mars, la situation est différente. Il n'y a presque plus d'atmosphère car il manque un élément pour que la planète rouge arrive à la retenir : le champ magnétique. Quand il est présent, celui-ci protège une planète de particules énergétiques en provenance du Soleil, qui forment ce qu'on appelle le vent solaire. Sur Terre ou, disons, au voisinage de la Terre, le champ magnétique agit comme un cocon protecteur en ralentissant ou en déviant le vent solaire qui interagit alors sans heurt avec l'atmosphère terrestre en produisant ces magnifiques draperies célestes que sont les aurores polaires. Rien de tel sur Mars : plus petite, elle s'est refroidie bien plus rapidement que la Terre et la solidification de son noyau métallique s'est accompagnée de la disparition de son champ magnétique protecteur et par suite de son atmosphère. Aussi, ne portez pas d'espoir naïf dans la promesse que certains prophètes de la technologie prétendent vous offrir avec la colonisation prochaine de Mars : pour pouvoir aller vivre sur la planète rouge, encore faudrait-il qu'elle possède une atmosphère et, surtout, qu'elle puisse la retenir si par extraordinaire on était capable de créer une atmosphère artificielle (ce qui n'est de toute façon pas possible). Hélas, si Mars n'a plus de champ magnétique, cette atmosphère que nous voudrions produire s'évaderait aussi inéluctablement que l'atmosphère secondaire « naturelle » que Mars a possédé il y a des milliards d'années...

Satellites et anneaux

Le processus générique de formation des planètes semble raisonnablement bien compris, mais il présente des lacunes, en particulier il n'inclut pas explicitement deux caractéristiques que possèdent plusieurs d'entre elles : des anneaux et des satellites. Ici, c'est la diversité qui règne. Mercure et Vénus ne possèdent aucun satellite ; la Terre, un seul, mais de grande taille ; Mars, seulement deux mais de très, très petite taille. Chez les planètes géantes, c'est la profusion. Toutes possèdent de très nombreux satellites, mais souvent de très petite taille et parfois très distants de leur planète d'attache. Pour ce qui est des gros satellites, difficile de trouver des points communs d'une planète à l'autre. Les quatre principaux satellites de Jupiter sont ordonnés par ordre décroissant de densité, un peu comme les planètes du Système solaire. Autour de Saturne et Uranus, c'est plutôt par ordre croissant de taille qu'ils se trouvent. Et autour de Neptune, mis à part l'imposant Triton, il n'y a pas grand-chose. La quasi-totalité des gros satellites tournent dans le même sens que leur planète, à l'exception de Triton, ce qui suggère que c'est un objet capturé ultérieurement par Neptune et qui a sans doute détruit son système primitif de satellites, ne laissant que quelques débris des satellites d'origine. Si on ajoute la Lune, formée à l'issue d'un impact, et les minuscules compagnons de Mars, à l'origine inconnue, tout cela suggère qu'il y a presque autant de modes de formation de satellites qu'il y a de planètes.

Les satellites révèlent donc à la fois une grande diversité et un phénomène visiblement générique : le fait qu'ils tournent toujours la même face vers leur planète d'attache. C'est chose connue depuis la préhistoire pour la Lune, et ce fut établi pour Japet dès l'instant de sa découverte par Cassini (voir le chapitre 1). Le vérifier directement pour les autres satellites n'a pas vraiment été nécessaire car l'origine du phénomène a vite été identifiée. Il est visible sur Terre par tous ceux et celles qui vivent au bord de la mer : ce sont les marées. Un satellite et sa planète sont plongés dans le champ gravitationnel de l'autre. Ce champ est orienté en direction du centre de l'objet et il décroît avec la distance à celui-ci. En conséquence, chaque point de la Terre subit une attraction gravitationnelle légèrement différente de la part de notre satellite. Schématiquement, on peut décomposer cette attraction en une valeur moyenne, celle qui règne au centre de la Terre, et une petite correction qui dépend du point. Le point de la Terre qui est le plus près de la Lune (appelé point sublunaire *) est un peu plus attiré par la Lune que le centre de la Terre car il est plus près d'elle, aussi la force résiduelle exercée par la Lune est-elle orientée vers la Lune. Le point situé à l'opposé (le point antilunaire) est le plus éloigné de la Lune et le phénomène est donc inversé. Tout point de la Terre qui n'est pas situé le long de l'axe Terre-Lune subira lui aussi une force résiduelle qui sera en partie orientée vers l'axe Terre-Lune. En conséquence, la simple présence de la Lune étire notre planète le long de l'axe Terre-Lune et la comprime dans les deux directions perpendiculaires, et phénomène qui est également valable pour la Lune, et avec une plus grande amplitude parce que la Terre est plus massive.

En prime, la Terre tourne sur elle-même, ce qui fait qu'elle entraîne par sa rotation la déformation induite par la Lune, qui se trouve alors désalignée avec l'axe Terre-Lune. Il s'en faut de peu – quelques

---

* Ce point se déplace d'est en ouest à la surface de notre planète, sans jamais s'éloigner de l'équateur. Prévoyez donc de voyager si vous voulez vous y rendre. Sachez cependant que si à un instant donné la Lune est un peu plus proche de ce point que de tout autre lieu terrestre, la différence est trop faible pour être perceptible à l'œil nu.

degrés à peine – mais cela a de grandes conséquences. Car maintenant, l'influence de la Lune a tendance à vouloir « ramener dans le droit chemin » cette déformation, ce qui fait que la Lune exerce un couple de rappel sur la Terre déformée, qui va perdurer tant que la Terre tourne sur elle-même à un rythme différent de celui où la Lune orbite autour d'elle. Si tout cela vous paraît compliqué, retenez que comme la Terre tourne sur elle-même bien plus rapidement que la Lune n'orbite autour d'elle, l'effet de la Lune a tendance à ralentir la rotation de la Terre. Mais, dans un système isolé, il y a une quantité liée à la rotation qui se conserve. Les physiciens auraient pu se contenter de l'appeler « quantité de rotation », mais le terme technique, un peu moins parlant, est « moment cinétique ». Peu importe le pourquoi de ce nom, considérez qu'on pourrait le renommer en « quantité de rotation ». La conservation du moment cinétique est à l'origine du fait qu'une patineuse qui tourne sur elle-même peut faire varier sa vitesse de rotation en écartant plus ou moins ses bras du corps. Plus les bras sont écartés, plus la distance moyenne de ceux-ci à l'axe de son corps augmente, et plus la rotation diminue. En ramenant les bras le long du corps, c'est l'effet inverse qui se produit et elle tourne plus rapidement. Bien sûr, la patineuse est en contact avec le sol, mais si la glace est parfaitement lisse, on peut considérer que ce contact avec le sol n'altère pas sa rotation, ce qui fait que le phénomène se produit effectivement. Pour en revenir au système Terre-Lune, si la rotation propre de la Terre diminue, son moment cinétique diminue aussi, mais comme le moment cinétique global du système Terre-Lune doit être conservé, cela oblige la Lune à changer quelque chose à sa trajectoire. Elle va légèrement accélérer pour augmenter avec le moment cinétique associé à son orbite – logiquement appelé le moment cinétique orbital –, ce qui *in fine* va l'éloigner de la Terre mais en diminuant sa vitesse, une situation qui perdurera tant que la rotation de la Terre sera plus rapide que la révolution de la Lune autour d'elle. Ce même phénomène s'est produit en retour de la part de la Terre envers la Lune. Et à ce jeu, le corps le plus massif influence bien plus efficacement le corps moins massif que l'inverse. C'est la raison pour laquelle la Terre a achevé depuis belle lurette de synchroniser la rotation et la révolution de la Lune, qui tourne donc toujours la même face vers nous. La Lune n'est pas la seule dans ce cas. Tous les « gros » satellites du Système solaire sont eux aussi synchronisés par ces effets de marée, leur grande taille les rendant d'autant plus sensibles à l'influence gravitationnelle de leur planète. Les petits satellites sont plus imprévisibles à cet égard. Certains sont également synchronisés comme Phobos et Déimos autour de Mars alors que d'autres comme Hypérion ou Phœbé autour de Saturne ne le sont pas. Dans ces cas, la distance à la planète joue un rôle décisif : plus elle est faible, plus les effets de marée sont intenses et œuvrent à une synchronisation rapide.

Si la Terre tourne sur elle-même de plus en plus lentement, cela signifie que la durée du jour augmente au cours du temps. Chose fascinante, les fossiles de certains êtres vivants des époques lointaines en ont gardé la trace. Divers nautiloïdes (des coquillages marins préhistoriques semblables à la coquille des escargots) possèdent des stries de croissance journalières. Cette croissance est elle-même modulée par divers phénomènes, notamment les lunaisons et les saisons. Il est donc possible, en analysant l'épaisseur de chacune de ces stries de croissance, de compter combien il y avait de lunaisons en une année à l'époque où ces organismes ont vécu, et combien il y avait de journées par lunaison. Et on trouve, conformément à ce que prédit la théorie des marées, qu'il y a plusieurs dizaines de millions d'années, les années duraient aux alentours de quatre cents « jours », qui ne faisaient alors que vingt-deux heures chacun, et que la Lune tournait autour de la Terre plus rapidement qu'aujourd'hui car elle était plus proche, avec plus de quatorze lunaisons par an.

Même si l'effet est bien plus lent, à terme, c'est cette même situation que connaîtra la Terre : sa période de rotation aura fortement ralenti au point d'être elle aussi synchronisée sur la période de révolution de la Lune. Et comme, d'ici là, la Lune aura dû s'éloigner de la Terre, sa période de rotation aura augmenté. Jours terrestres et mois lunaires dureront alors chacun près de cinquante de nos jours actuels, alors que la Lune se sera éloignée de plus de 170 000 kilomètres par rapport à l'époque actuelle, apparaissant alors 30 % plus petite qu'elle ne l'est aujourd'hui. Patience cependant : à l'heure actuelle, la Lune ne s'éloigne de la Terre qu'au rythme de 3,8 centimètres par an, une variation très faible que l'on peut cependant mesurer grâce à des déflecteurs posés par les astronautes des missions *Apollo.* Depuis cinquante ans, il est possible de monitorer l'évolution de la distance Terre-Lune en mesurant le temps d'aller-retour de puissants faisceaux lasers émis depuis la Terre, la précision atteinte permettant de mesurer cet infime éloignement. Le rythme de synchronisation est terriblement lent, au point que celle-ci ne sera pas achevée avant plusieurs dizaines de milliards d'années, c'est-à-dire bien après la fin du Soleil. Mais pour le couple Pluton-Charon, bien plus resserré que le couple Terre-Lune, la double synchronisation est déjà achevée : Pluton et Charon tournent désormais la même face l'un vers l'autre, exactement comme s'ils étaient les deux extrémités d'un haltère reliées par une barre invisible. Il existe une autre issue possible à ce phénomène de synchronisation. Si la planète et son satellite s'éloignent trop l'un de l'autre, il est possible que ce dernier tombe sous l'influence gravitationnelle du Soleil : insuffisamment lié à sa planète, il cesse d'orbiter autour d'elle et s'en éloigne à jamais. C'est là une des explications envisagées au fait que Mercure et Vénus, à la fois plus proches du Soleil et moins massives que la Terre, ne soient pas dotées du moindre satellite.

Dans d'autres cas, les phénomènes de marée peuvent avoir des conséquences bien plus dramatiques. La Lune s'éloigne de la Terre car la Terre tourne sur elle-même plus rapidement que la Lune n'orbite autour d'elle. Si c'était l'inverse, alors les effets de marée auraient tendance à *rapprocher* la Lune de la Terre, et ce sans qu'il soit possible d'inverser la tendance. Cette situation n'est pas une vue de l'esprit : Phobos, satellite de Mars, est dans cette situation et se rapproche de sa planète, disent les données télémétriques, d'environ deux centimètres par an. Et comme Phobos est déjà fort proche de Mars (6 000 kilomètres d'altitude seulement), ses jours, ou disons, ses millénaires, sont comptés : d'ici 50 millions d'années au maximum, il se rapprochera de la planète au point d'être littéralement déchiqueté par les effets de marée ou de s'écraser d'un seul bloc sur la planète, formant à l'occasion un imposant cratère de plusieurs centaines de kilomètres de diamètre. À l'heure actuelle, les astronomes privilégient la première hypothèse : les images à haute résolution de ce satellite prises par la sonde *Mars Reconnaissance Orbiter* révèlent des stries parallèles le long de sa surface, signe possible qu'elle est lentement mais sûrement en train de se craqueler. Un destin similaire attend Triton, satellite de Neptune. Celui-ci tourne autour de sa planète dans le sens inverse de la rotation de celle-ci, ce qui provoque le même effet que pour Phobos : un lent et inéluctable rapprochement avec elle qui prendra plus de trois milliards d'années.

Io, satellite de Jupiter, ne connaîtra pas un destin aussi tragique mais a une existence fort mouvementée. Du fait que son voisin Europe est assez proche de lui, l'orbite de Io est constamment perturbée. Cela, couplé aux déformations induites par les effets de marée, fait que c'est tout le volume du satellite qui est étiré dans des directions variables au cours du temps. Cela provoque un échauffement considérable au point de liquéfier une partie de son intérieur. Io est ainsi l'objet le plus volcanique de tout le Système solaire, non pas du fait de la chaleur accumulée lors de sa formation, mais par la chaleur constamment produite par les marées. Sa surface est ainsi constellée de centaines d'édifices volcaniques, tous actifs. Les sondes *Voyager* puis *Galileo* ont ainsi observé des panaches d'éruptions volcaniques s'élevant à plusieurs centaines de kilomètres d'altitude avant de retomber en pluie sur d'immenses zones, remodelant constamment la surface du satellite à l'échelle de quelques années, voire quelques mois à peine.

Pour terminer, ce sont probablement les effets de marée qui sont à l'origine des caractéristiques planétaires les plus emblématiques, à savoir les anneaux. En 1849, le mathématicien et astronome français Édouard Roche (1820-1883) montre qu'un satellite situé trop près de sa planète sera tellement étiré qu'il sera en général détruit et comprend pourquoi aucun satellite situé près d'une planète n'est connu: il n'est tout simplement pas possible pour lui de survivre à cet endroit. Il est en revanche une chose que l'on trouve très près d'une planète: ce sont les anneaux de Saturne, aussi spectaculaires que magnifiques et dont l'extension maximale se trouve étrangement proche de la limite au-delà de laquelle un satellite serait brisé. Il est donc tentant de considérer, comme le fit Roche lui-même, que les anneaux planétaires sont les restes d'un ou plusieurs satellites qui ont été désintégrés après s'être trop approchés de leur planète, pour une raison ou pour une autre. À l'époque des travaux de Roche, seuls les anneaux de Saturne étaient connus. Ce n'est que dans la seconde moitié du XXe siècle que furent découverts successivement les anneaux de Jupiter, Uranus et Neptune, bien plus sombres et bien moins étendus. L'origine de la singularité de Saturne n'est pas connue, mais des données recueillies par la sonde *Cassini* suggèrent qu'ils sont particulièrement jeunes, avec un âge estimé à moins de 100 millions d'années : en effet, vers la fin de sa mission, la sonde *Cassini* est passée entre Saturne et le bord interne de ses anneaux, ce qui a permis de déterminer leur masse et le débit de la « pluie d'anneaux » qui tombe en permanence sur la planète. Verdict : au rythme où vont les choses, les anneaux pourraient être très jeunes et issus de la destruction d'un satellite semblable à Mimas, une des lunes les plus proches de Saturne. Pire, ils n'auraient pas plus de 300 millions d'années d'espérance de vie. Cette interprétation est vivement contestée par d'autres qui considèrent que les anneaux de Saturne pourraient être aussi vieux que Saturne elle-même et que le rythme de la pluie d'anneaux, très variable au cours du temps, ne préjuge en rien de son avenir. Difficile donc pour l'instant d'affirmer que dans l'Univers aussi la beauté est éphémère, mais force est de constater qu'elle attise les passions.

CHAPITRE 7

LA POSSIBILITÉ D'UNE VIE

Le plus fascinant mystère

S'il y a un point qui rend aujourd'hui la Terre unique, c'est qu'elle abrite la vie et qu'elle est le seul lieu connu où celle-ci s'y est développée. Pourtant, ce n'est pas faute d'avoir imaginé, espéré, fantasmé qu'elle existait ailleurs. Les habitants de Vénus, Mars, la Lune ou d'ailleurs sont présents dans la littérature dès... l'Antiquité. Au premier siècle avant notre ère, le poète romain Lucrèce (−98 à −55) affirme ainsi dans son *De rerum natura*: «Si la même force, la même nature subsistent pour pouvoir rassembler en tous lieux ces éléments dans le même ordre qu'ils ont été rassemblés sur notre monde, il te faut avouer qu'il y a dans d'autres régions de l'espace d'autres terres que la nôtre, et des races d'hommes différentes, et d'autres espèces sauvages.»

Autrement dit, les mêmes causes produisant les mêmes effets, il n'y a pas de raison que ce qui fait que la vie existe sur Terre l'empêche d'exister ailleurs. À cette philosophie s'oppose celle d'Aristote qui affirme que la Terre étant un lieu particulier dans l'Univers, il n'y a rien qui permet d'imaginer que la vie s'y soit développée ailleurs, idée reprise par la chrétienté. Les idées de Lucrèce reviennent peu à peu au goût du jour à la Renaissance. Giordano Bruno paiera de sa vie sa conviction en la pluralité des mondes habités, mais à mesure que l'Église perd en influence, les auteurs se remettent à peupler le reste de l'Univers d'êtres vivants et souvent pensants. Les spécialistes du genre considèrent que la toute première œuvre de science-fiction date du XVIIe siècle. Vous ne connaissez sans doute pas son auteur, même si son nom vous parle : il s'agit de l'écrivan Savinien de Cyrano de Bergerac, inspirateur du célèbre héros d'Edmond Rostand. Son roman s'appelle *Histoire comique des États et Empires de la Lune* (vers 1650), dans lequel il raconte un voyage vers notre satellite où l'on rencontre ses habitants, les Sélénites, des êtres très humains qui offrent aux lecteurs un miroir de ce que nous sommes, avec nos qualités (parfois) et nos défauts (souvent). Dès lors, l'hypothèse d'une vie ailleurs dans l'Univers ne quittera jamais les esprits les plus inventifs, qu'ils soient artistes ou scientifiques.

L'exemple le plus célèbre est à mettre au crédit des astronomes eux-mêmes. En 1877, l'Italien Giovanni Schiaparelli (1835-1910) observe la planète Mars, à un moment particulièrement favorable où sa distance à la Terre est minimale. Tous les deux ans environ, notre planète «prend un tour» à sa consœur, et du fait que les distances Terre-Soleil et Soleil-Mars varient au cours de leur orbite respective, la distance Terre-Mars quand les deux planètes sont alignées avec le Soleil n'est pas toujours la même. En 1877, elle est particulièrement faible, raison pour laquelle la planète rouge attire toutes les attentions, comme celle d'Asaph Hall qui découvre à cette occasion ses deux satellites, Phobos et Déimos (voir le chapitre 1). Giovanni Schiaparelli est, à cette époque, un observateur hors pair. On lui doit entre autres accomplissements la découverte d'un astéroïde et surtout l'explication que les pluies d'étoiles filantes observées à certaines époques de l'année sont le fait que la Terre croise la trajectoire de diverses comètes dont l'orbite est polluée par leurs poussières. Lors de ses observations, Schiaparelli essaie de mieux distinguer certains reliefs martiens déjà connus. Si Mars est d'une couleur dominante rouge orangé, elle possède une atmosphère, des calottes polaires et des zones significativement plus sombres que le reste de la planète. Schiaparelli se convainc que certaines zones de couleur et d'éclat semblables sont comme reliées par des structures fines plutôt rectilignes, qu'il qualifie de « chenaux », soit *canali* dans sa langue natale. En France, ce mot est assimilé à tort à celui de « canal ». Et si un « chenal » est un nom plutôt neutre sémantiquement, « canal » évoque immédiatement une structure qui n'est pas d'origine naturelle. Y aurait-il des « canaux » sur Mars, voire des êtres capables de les construire ? À cette époque, la photographie n'a pas atteint les capacités qu'elle a aujourd'hui, aussi les astronomes font-ils des croquis de leurs observations, souvent remarquablement fidèles. Schiaparelli publie en 1882 la première carte des *canali* martiens. D'autres astronomes s'essaient au même exercice, sans toujours rencontrer de succès. Outre-Atlantique, l'homme d'affaires et astronome amateur Percival Lowell (1855-1916) voit les mêmes choses que Schiaparelli. Fasciné par la perspective de découvrir une altérité si proche de la nôtre, il fait construire sur ses propres deniers un observatoire dédié à la planète Mars, à Flagstaff, dans l'Arizona. Il recense d'abord quelques dizaines, puis plusieurs centaines de ces canaux, trop rectilignes pour être d'origine naturelle. En France, Camille Flammarion (1842-1925) franchit lui aussi le pas. Il attribue ces canaux, forcément immensément larges pour pouvoir être vus depuis la Terre, aux constructions monumentales d'une « race supérieure à la nôtre », mais qui fait face à un destin grandiose et tragique : Mars est une planète en grande partie désertique, et ses habitants sont peut-être en train de mourir de soif. Ils n'ont d'autre choix que de construire d'immenses canaux recueillant l'eau de fonte des glaces polaires pour l'acheminer dans les régions équatoriales pour irriguer les sols.

De l'Égypte des pharaons à la Rome antique, la grandeur et le déclin des civilisations passées ont toujours fasciné, et la recette prend aussi pour ces mystérieux habitants de la planète Mars. La presse s'en empare et de grands quotidiens, tel le *New York Times*, relaient ce récit tellement fascinant qu'on a envie qu'il soit vrai. Mais l'est-il réellement ? Beaucoup d'astronomes ne voient pas les structures indiquées par Schiaparelli ou Lowell, et l'amélioration progressive des moyens d'observation n'y change rien. Les astronomes, qui peu à peu se muent en astrophysiciens, doutent aussi que les conditions qui règnent à la surface de Mars soient suffisamment clémentes pour pouvoir abriter la vie : plus éloignée du Soleil que notre planète et dotée d'une atmosphère très ténue, Mars est nécessairement très froide et il semble difficile d'imaginer que de l'eau liquide puisse y couler en surface. En 1903, Edward Barnard, astronome aux états de service remarquables (voir les chapitres 1 et 5), met sérieusement en doute l'existence de ces canaux. La même année, l'astronome anglais Edward Maunder (1851-1928) accompagné de Joseph Evans, directeur d'un collège londonien, fait observer à des enfants âgés de 12 à 14 ans et sous diverses conditions d'éclairement un disque constellé de zones noires en leur demandant de dessiner ce qu'ils voient. Verdict: plusieurs enfants dessinent les zones sombres *et* des lignes les reliant. Les «canaux» dessinés ne sont rien d'autre qu'une illusion d'optique, un artefact de la physiologie de l'œil, et sans doute en est-il de même pour ce que Lowell et Schiaparelli affirment avoir vu. Vers 1910, les observations de l'astronome français Eugène Antoniadi (1870-1944) à Meudon, puis la mise en service d'un instrument particulièrement performant à l'observatoire du pic du Midi, dans les Pyrénées françaises, invalident définitivement les canaux martiens: «Ainsi les »canaux« de l'illustre astronome italien [Schiaparelli] ont une base objective; et c'est pourquoi on peut les photographier. Mais loin d'y voir de véritables canaux, on doit les considérer simplement comme les taches naturelles, irrégulières et discontinues, qui agrémentent la surface de Mars », explique poliment Antoniadi en 1909. Trop tard cependant pour que le concept quitte la culture populaire. *La Guerre des mondes* (1898), de l'écrivain anglais Herbert George Wells est directement inspiré du récit fantasmé de Lowell et consorts : il relate une attaque de la Terre par une race extraterrestre hostile en provenance de Mars et forcée de quitter sa planète d'origine. Les vies martienne, vénusienne ou lunaire vont donc faire long feu. Ce n'est qu'avec les premières images prises *in situ* par les sondes américaines *Mariner* au tournant des années 1970 que Mars sera définitivement considérée comme un monde aride et sans vie*. De leur côté, les équipages des missions *Apollo 11* et *Apollo 12* doivent observer une quarantaine de plusieurs semaines à leur retour sur Terre afin de s'assurer qu'ils n'ont pas été contaminés par de très hypothétiques germes présents sur la Lune...

Si j'ai pris le temps de relater cette histoire, c'est pour qu'elle serve d'avertissement dans la suite de ce chapitre. Il y a peu de sujets qui sollicitent autant d'affects que la question des circonstances

* Les premières images de Mars furent réalisées en 1965 par la sonde *Mariner 4*, qui prit une trentaine de clichés de piètre qualité lors d'un unique survol de Mars. C'est surtout avec les images de *Mariner 9* en 1971 que furent révélés les détails et l'aridité du sol martien.

d'apparition et de la répartition de la vie dans l'Univers. S'y intéresser, c'est inévitablement prendre le risque de voir le subjectif prendre le pas sur la rationalité, c'est risquer de bousculer les convictions de chacune et chacun sur ces questions. L'apparition de la vie est ainsi la dernière frontière dans les milieux religieux traditionalistes, qu'ils soient chrétiens, juifs ou musulmans. Certes, disent certains de ces membres, le monde ne s'est pas fait en six jours. Bien sûr, la Terre n'est pas au centre de l'Univers. Oui, il existe d'autres planètes et la science a fait des découvertes remarquables à ce sujet. Mais pour ce qui est des conditions d'apparition de la vie, on est encore, revendiquent-ils, dans la chasse gardée du mystique et du religieux. La vie est, ou serait, trop mystérieuse, trop complexe, trop je-ne-sais-quoi pour être décrite par la science, et ce serait « donc » une preuve de l'existence du divin. C'est bien sûr un raisonnement fallacieux. La non-compréhension de certains aspects d'origine « naturelle » n'indique en rien une origine divine : en sciences, l'absence de preuves n'a jamais été la preuve de l'absence. Dans ce qui va suivre, je vais donc m'efforcer de dire, avec prudence et modestie, ce qu'on sait, ce qu'on pense savoir et ce qu'on ne sait pas encore à ce sujet.

Chronologie

Faute de connaître d'autres lieux où la vie est apparue avec certitude, que peut-on dire de son apparition sur Terre, et surtout des processus (et non des miracles) qui ont été à l'œuvre ? La réponse à cette question est loin d'être connue dans le détail, mais on sait que la vie terrestre est ancienne. En 1919, Pierre Termier évoquait (voir le chapitre 4) que les époques géologiques de la Terre, repérées par la présence de fossiles, remontaient à au moins 500 millions d'années. Ce chiffre prévaut encore de nos jours, mais il ne concerne que la vie multicellulaire, la seule qui à l'époque était détectable *via* des fossiles. On sait désormais que la présence d'organismes unicellulaires sur Terre est avérée grâce à des fossiles microscopiques depuis au moins 3,4 milliards d'années. Il existe des traces plus anciennes encore, mais aussi plus incertaines. D'abord, des structures ressemblant à des fossiles microbiens existent, mais sans que leur origine biologique soit avérée. Certaines sont vieilles de plus de 3,7 milliards d'années, d'autres remontent même à plus de 4,25 milliards d'années. Et ce n'est pas tout, car il existe aussi d'autres traceurs intrigants. Les atomes, vous ai-je dit au chapitre 3, peuvent exister avec un nombre variable de neutrons. Par exemple, le carbone existe sous deux formes : le carbone 12 et le carbone 13*. Or, si ces deux formes de carbone ont les mêmes propriétés chimiques, elles n'ont pas la même masse (le carbone 13 est environ 8 % plus massif que le carbone 12), ni la même mobilité quand ils sont dissous dans l'eau. On constate expérimentalement que les organismes vivants actuels ont une teneur en carbone 13 un peu plus basse que les composés minéraux contenant du carbone. Or certaines roches vieilles de 3,7 milliards d'années contiennent du graphite (c'est-à-dire du carbone pur), également appauvri en carbone 13, comme les organismes vivants actuels. Il est donc tentant d'imaginer que ce graphite n'est pas « natif », mais issu d'organismes vivants déjà présents à une époque aussi ancienne. Plus anciens encore, des minéraux de zircon vieux de plus de 4,1 milliards d'années possèdent des inclusions de graphite également pauvres en carbone 13 et révèlent peut-être indirectement que la vie existait déjà à cette époque.

Quelle que soit l'époque exacte de l'apparition de la vie, elle est très ancienne, ce qui par ricochet indique

* Les premiers sont formés lors de la fusion de trois noyaux d'hélium 4, les seconds sont issus d'un cycle CNO incomplet, voir le chapitre 3.

qu'elle n'a pas mis si longtemps pour apparaître sur notre planète. Si on considère que la première époque où elle a pu émerger correspond au moment où la surface de la Terre a été suffisamment refroidie après la phase de bombardement météoritique, soit, estiment les astronomes, il y a 4,4 milliards d'années, la vie a mis au plus un milliard d'années pour apparaître et peut-être moins de 150 millions d'années.

Un environnement fertile et hostile

À quoi ressemblait la Terre dans cet ici lointain? À une planète très chaude possédant déjà de l'eau en surface mais dotée d'une atmosphère irrespirable. De nos jours, l'oxygène de l'atmosphère est présenté comme un des ingrédients les plus indispensables à la vie. Mais c'est en réalité le contraire. C'est l'oxygène qui a besoin de la vie pour exister! Sans vie, il n'y a pas d'oxygène dans les atmosphères planétaires. L'oxygène de l'atmosphère se présente sous la forme de molécules de dioxygène, ou O_2. Celles-ci sont très réactives et ont tôt fait de réagir avec des molécules organiques ou minérales situées à la surface de notre planète. Ce n'est que parce que, depuis des milliards d'années, des organismes ont pu produire ce dioxygène que celui-ci a fini par s'accumuler dans l'atmosphère, et se trouver impliqué dans le métabolisme de nombreux êtres vivants qui ont su par la suite en faire usage. À l'inverse, les briques élémentaires des organismes vivants auraient rapidement été détruites par la présence de ce dioxygène s'il avait été présent dès le départ: au tout début, la vie a su et a dû se passer de cet oxygène. Cette remarque nous annonce indirectement une bien mauvaise nouvelle: il n'est pas envisageable qu'une nouvelle forme de vie apparaisse aujourd'hui. Nous n'avons aucun espoir d'assister «en direct» à son émergence. Peut-être la vie est-elle apparue plusieurs fois dans l'histoire de la Terre. Peut-être a-t-elle émergé il y a plus de 4 milliards d'années, avant d'être éradiquée par le Grand Bombardement tardif, quelques centaines de millions d'années plus tard. Peut-être est-elle alors réapparue. Mais depuis que le dioxygène est présent, ça ne s'est pas reproduit – pas sur Terre en tout cas.

À défaut de savoir comment la vie est apparue, on a des indications sur les conditions qui régnaient alors. Les roches se forment en profondeur avant d'affleurer à la surface par la tectonique des plaques, le volcanisme ou des processus d'érosion. À ce moment-là, elles vont être altérées au contact de l'air et de l'eau. C'est en analysant ces altérations que l'on peut déterminer une partie des conditions qui régnaient. L'altération aqueuse – comprendre les réactions chimiques qui se produisent au niveau de la roche dans un environnement humide – dépend aussi de la température, raison pour laquelle on sait que la Terre jeune était chaude en surface. Il est ainsi établi que l'eau existait déjà à l'état liquide il y a 4,3 milliards d'années et que 500 millions d'années plus tard, soit juste après le Grand Bombardement tardif, la température des océans dépassait les 60 °C. On a aussi des indications sur l'atmosphère de la Terre primitive. Dénuée d'oxygène, elle était sans doute riche en dioxyde de carbone (CO_2) et en méthane (CH_4). J'expliquerai plus tard comment on sait que le second gaz cité était présent, pour ce qui est du premier, c'est assez simple. D'une part, les atmosphères des autres planètes rocheuses (Vénus et Mars) contiennent ce gaz de façon très majoritaire. D'autre part, quand ce gaz se dissout dans l'eau, il la rend plus acide, ce que l'altération des roches anciennes confirme. C'est ce dont la vie a besoin pour se développer car le monde du vivant fait grand usage de phosphore. Or cet élément n'est pas facilement soluble dans l'eau... sauf dans les milieux acides.

Émergence

En plus d'être acide, la surface de notre planète était intensément irradiée. Non pas parce que le Soleil était plus brillant, mais parce que l'absence de dioxygène dans l'atmosphère implique aussi celle de l'ozone, qui est constamment produit (puis détruit) dans la haute atmosphère à partir du dioxygène. Or ce gaz nous protège du rayonnement ultraviolet émis par le Soleil, une bonne chose pour les organismes complexes tant celui-ci est nocif pour les fragiles molécules du vivant. À l'époque, ce rayonnement destructeur était aussi fertile : en brisant les molécules les plus simples, il favorisait aussi leur réassemblage et, par tâtonnement, l'émergence des briques les plus élémentaires du monde vivant. Parmi ces briques, on compte les fameux acides aminés, qui sont les briques élémentaires à partir desquelles sont construites les protéines. Pour faire des organismes, il faut donc d'abord disposer de ces acides aminés. Dès les années 1920, le biochimiste soviétique Alexandre Oparine (1894-1980) émet l'hypothèse que des processus chimiques simples permettent la synthèse de certaines de ces briques élémentaires. Il comprend que cela doit se faire dans l'eau : en surface, le rayonnement ultraviolet aurait un effet destructeur sur les précurseurs de ces molécules. Il est en revanche indispensable pour briser à l'occasion des molécules existantes, qui en se dissolvant dans l'eau peuvent alors se recombiner pour en former de nouvelles, cette fois à l'abri du rayonnement ultraviolet. Par quels mécanismes exactement, Oparine n'en sait rien, en revanche. La réponse viendra dans le courant des années 1950. Le biologiste américain Stanley Miller (1930-2007), d'abord seul puis en compagnie de Harold Urey (le découvreur du deutérium, voir le chapitre 4), essaie de simuler les réactions chimiques susceptibles de se produire dans l'atmosphère de la Terre primitive, probablement composée d'ammoniac, de dioxyde de carbone, de dihydrogène, de méthane et de vapeur d'eau. Il utilise des arcs électriques plutôt que du rayonnement ultraviolet pour stimuler les réactions. Puis il constate après quelques heures ou jours à laisser opérer son expérience qu'un dépôt brunâtre s'est formé. En l'étudiant, il s'avère qu'il contient des molécules simples mais nouvelles comme l'urée, l'acide cyanhydrique ou le formaldéhyde et quelques-uns des vingt acides aminés omniprésents dans les organismes vivants. En remplaçant les arcs électriques par le rayonnement ultraviolet, ce sont même tous les acides aminés du vivant qui sont synthétisés. Le résultat est à la fois fascinant et frustrant : un grand nombre de molécules sont synthétisées, mais dans des proportions très disparates ; seuls les acides aminés les plus simples sont fabriqués en quantités notables*. Surtout, d'autres briques élémentaires du vivant, les acides gras, ne sont pas du tout synthétisées.

Est-ce la preuve que ces molécules doivent être produites par d'autres mécanismes ? Ou que l'on n'a pas reproduit de façon suffisamment fidèle les conditions de la Terre primitive ? Aujourd'hui encore, on ne sait comment interpréter les résultats des expériences de Miller, maintes fois reproduites avec divers changements des conditions initiales. Car à l'hypothèse d'Oparine s'oppose un autre scénario, qui en diffère sur le lieu de production de ces briques élémentaires. Si les conditions de la Terre primitive ne fabriquent pas d'acides gras, n'est-ce pas la preuve qu'ils ont été créés ailleurs, c'est-à-dire en dehors de notre planète ? C'est l'hypothèse de la panspermie, une idée plutôt ancienne puisque son initiateur est le philosophe antique Anaxagore (environ -500 à -428). Mais une idée qui a connu un regain d'intérêt dans les

* Les acides aminés sont tous construits sur le même squelette comprenant huit atomes, auquel se rajoute une partie plus ou moins complexe, appelée le radical. Si les formules chimiques ne vous effraient pas, elle est de forme NH_2–CHR–COOH, le « R » correspondant au radical, qui peut être réduit à un unique atome d'hydrogène dans le cas de la glycine (l'acide aminé le plus simple), ou contenir jusqu'à une vingtaine d'atomes divers (hydrogène, oxygène, carbone, azote et soufre).

années 1970 grâce à une étonnante découverte faite avec la météorite dite de Murchison. Tombée dans la localité australienne du même nom en 1969, elle fait partie des plus primitives du Système solaire. Elle n'est pas le débris d'un objet plus gros qui aurait été disloqué après sa formation, elle est le vestige d'une des briques des planétésimaux évoqués au chapitre 5. Surtout, en plus des roches, cette météorite contient quantité de molécules, dont les fameux acides aminés. Et d'une variété bien plus grande que ceux fabriqués par l'expérience de Miller : à ce jour, ce ne sont pas les seuls vingt acides aminés du monde du vivant qui ont été découverts dans cette météorite, mais plus de quatre-vingts ! C'est donc certain : la synthèse des acides aminés n'est pas exclusive à la Terre. Nombre d'objets du Système solaire présentent d'ailleurs des zones parfois très étendues d'une couleur brunâtre, exactement comme les résidus solides qui se forment lors d'une expérience de Miller. C'est le cas de Titan, satellite de Saturne, de la planète naine Pluton, d'Amalthée et Europe, satellites de Jupiter, ou d'Arrokoth, un minuscule corps d'à peine quelques dizaines de kilomètres survolé par la sonde *New Horizons* trois ans et demi après sa visite de Pluton. Les résidus des expériences de Miller sont appelés des tholins, et même si l'analyse *in situ* des dépôts sur les surfaces des corps considérés n'a pas encore été faite, il y a de fortes chances qu'ils présentent de nombreuses similitudes avec les tholins de laboratoire, signe que les processus qui se produisent à la surface de tous ces objets ne sont peut-être pas si différents des expériences de Miller. Plus intéressant encore, les surfaces des corps cités présentent des nuances de couleur et de spectre qui indiquent qu'elles n'ont pas exactement la même composition, signe que les processus qui s'y sont déroulés n'ont pas été rigoureusement identiques : la composition du mélange initial n'était sans doute pas la même, ni la température ou le degré d'irradiation des rayons ultraviolets du Soleil, avec des effets mesurables sur ce qui a été produit. Bref, sur Terre et probablement ailleurs, il y a amplement la possibilité de fabriquer certaines briques du vivant, avec nombre de nuances subtiles.

Tout cela ne suffit pas. Encore faut-il que tous ces composés se rassemblent et aient la possibilité de s'organiser. Sans doute une interaction entre ces briques élémentaires et un substrat solide aide-t-elle à ce rassemblement, certaines briques se fixant par exemple à intervalles réguliers sur une surface (des argiles, par exemple) avant de s'assembler plus facilement entre elles. Une autre étape décisive réside sans doute dans la formation d'une membrane tridimensionnelle capable d'isoler son intérieur de l'extérieur. Cette membrane nécessite la présence d'acides gras évoqués plus haut, et dont l'origine n'est, semble-t-il, pas à chercher dans des expériences de type Miller. Ils peuvent en revanche être formés à plus grande profondeur au niveau des dorsales océaniques grâce au volcanisme sous-marin. Bref, il existe bien des inconnues dans tout le processus. Comme le font remarquer les scientifiques qui travaillent sur le sujet, il sera difficile de savoir exactement comment les choses se sont déroulées sur Terre ou ailleurs : si jamais on arrivait à recréer de la vie en laboratoire, cela signifierait uniquement qu'on a trouvé une voie possible de son émergence, sans savoir si c'est celle qui fut empruntée par notre planète il y a environ 4 milliards d'années.

Symbiose

La vie a donc émergé un jour sur Terre. C'était au départ un être unicellulaire unique, mais doté d'une capacité de reproduction. À quoi ressemblait-il ? Personne ne le sait. Ce que les scientifiques essaient de modéliser, c'est le dernier ancêtre commun à tous les organismes vivants actuels, qui ont sans doute divergé depuis une unique lignée commune. La carte d'identité de ce lointain ancêtre n'est pas connue, mais il a déjà un nom: Luca, acronyme de *Last Universal Common Ancestor*, soit « dernier ancêtre universel commun ». Luca n'a aucune raison d'avoir été le premier organisme vivant. Lui-même descend peut-être du tout premier d'entre eux, mais on ne sait pas combien d'étapes et organismes intermédiaires l'en séparent, ni combien d'autres lignées aujourd'hui éteintes se sont développées dans l'intervalle.

Un des points les plus remarquables de l'histoire du vivant, aussi parcellaires qu'apparaissent aujourd'hui ses premières phases, c'est la capacité à modeler la Terre au cours du temps et à s'adapter aux changements imposés à et par notre planète. J'ai dit il y a quelques pages que la Terre primitive était très chaude, ce qui est en réalité assez surprenant. Dans un chapitre précédent, j'avais aussi dit qu'une étoile était un objet dans une configuration remarquablement stable, mais il est temps maintenant de nuancer mon propos. Aujourd'hui, le Soleil brille parce qu'il transforme de l'hydrogène en hélium dans cette longue phase qu'est la séquence principale (voir le chapitre 3). En apparence, rien ne change. L'hydrogène se transforme en hélium et aussi longtemps que les réserves ne sont pas épuisées, la configuration semble être parfaitement stationnaire. Mais pas tout à fait. Pour fabriquer un unique noyau d'hélium, on a fusionné par plusieurs étapes quatre protons et deux électrons. Lors de la transformation, la masse a peu varié : le noyau d'hélium est à peine 0,7 % moins massif que ses constituants, l'écart de masse étant converti en énergie, et donc en rayonnement et chaleur *via* l'inévitable $E = m c^2$. Cet écart de masse est en soi totalement négligeable, mais il y a un changement malgré tout : le *nombre* de constituants du Soleil diminue au cours du temps. On part de nombreux protons et électrons, et on les remplace pour fabriquer un nombre six fois moins grand de noyaux d'hélium. Or ce qui fait qu'une étoile est stable, c'est cet équilibre qui s'instaure en champ de gravité et forces de pression. Et ces dernières sont en partie déterminées non pas par la masse des constituants, mais par leur nombre ! En diminuant ce nombre, les forces de pression baissent en efficacité, le cœur du Soleil se contracte légèrement, sa densité augmente, tout comme le rythme des réactions et donc l'éclat de notre étoile. Même si c'est un changement très lent, le Soleil augmente en luminosité au cours du temps, à raison d'environ 5 à 10 % par milliard d'années. Cumulé sur toute son existence, cela commence à faire beaucoup : le Soleil jeune brillait sans doute 30 % moins fort que le Soleil actuel. Comment donc expliquer que les océans terrestres étaient portés à plus de 60 °C à cette époque alors qu'ils auraient dû geler ? Cette remarque est appelée par les Anglo-Saxons le « paradoxe du Soleil jeune et faible » (au sens de faiblement lumineux). Elle date de 1972 et est due au célèbre astrophysicien et vulgarisateur américain Carl Sagan (1934-1996), accessoirement inventeur du terme « tholin » évoqué il y a peu. Comme l'expression ne sonne pas bien en français, on lui préfère chez nous celle de « paradoxe de l'Archéen », du nom de cette ère géologique ancienne commencée il y a quatre milliards d'années, approximativement concomitante de l'apparition de la vie et où l'on sait que la température terrestre était fort élevée.

Une Terre bien moins chauffée par un Soleil alors faiblard et pourtant bien plus chaude qu'aujourd'hui ? La solution au paradoxe est à chercher du côté de l'atmosphère terrestre. Souvent, les atmosphères jouent le rôle de couverture. Les rayons du Soleil les traversent sans difficulté et déposent leur énergie au sol. Ce dernier la réémet sous forme de rayonnement infrarouge. Celui-ci est, sous certaines conditions, comme piégé par l'atmosphère dont il met du temps à s'échapper. Le bilan est bien sûr neutre : il y a autant de rayonnement en lumière visible qui entre dans l'atmosphère qu'il y en a sortant sous forme d'infrarouges. Ce qui importe, c'est le temps de séjour de ce dernier : plus il est long, plus la température sera élevée à la surface de la planète. On peut illustrer les choses par un calcul simple. La température moyenne qui régnerait à la surface de la Terre en l'absence d'atmosphère serait d'environ –19 °C. La vraie température moyenne de notre planète est aux alentours de 15 °C, soit 34 degrés de plus. C'est grâce à l'atmosphère et son effet de « couverture » que les conditions sont clémentes sur Terre, une situation due à des gaz qui sont minoritaires. Les physiciens atomistes savent aujourd'hui que les gaz qui retiennent avec une certaine efficacité le rayonnement infrarouge sont sous forme de molécules contenant au moins trois atomes. Ni l'azote, sous forme de diazote (N_2), ni l'oxygène (O_2), ni l'argon (gaz monoatomique) n'ont d'utilité dans ce contexte alors que ce sont de loin les plus abondants. Ce qui réchauffe effectivement l'atmosphère, c'est la vapeur d'eau (H_2O, trois atomes), le dioxyde de carbone (CO_2, trois atomes) et le méthane (CH_4, cinq atomes). Comme le verre possède cette même propriété de transparence à la lumière visible et de relative opacité au rayonnement infrarouge, on parle à ce sujet d'effet de serre, quand bien même l'atmosphère fonctionne assez différemment de la serre d'un jardinier. Avec un Soleil 30 % moins lumineux qu'aujourd'hui, c'est une température moyenne de −40 °C qui aurait dû régner sur la Terre primitive en l'absence d'effet de serre, soit 100 degrés de moins que ce qu'on estime avoir été à l'œuvre !

On ne sait pas exactement de quoi était faite l'atmosphère de la Terre primitive, mais tout porte à croire qu'elle était bien plus riche en gaz à effet de serre. De nos jours, et si l'on fait abstraction de la dramatique influence des activités humaines sur le climat, du CO_2 est constamment injecté dans l'atmosphère par le volcanisme : lors de leur formation dans le disque protoplanétaire, les roches ont incorporé du CO_2 et peuvent le libérer par dégazage en accédant à la surface de notre planète. Le taux actuel est mal connu, mais il est estimé à quelques centaines de millions de tonnes par an*. La Terre primitive, bien plus chaude en son centre qu'elle ne l'est aujourd'hui, était volcaniquement plus active et les concentrations de dioxyde de carbone atmosphérique plus élevées. Avant même l'apparition de la vie, ce dioxyde de carbone ne se concentrait pas pour autant dans des proportions constamment croissantes. Il

* Par comparaison, les activités humaines génèrent à l'heure actuelle environ 40 milliards de tonnes de CO_2 par an, soit environ cent fois plus que le volcanisme.

était susceptible de se dissoudre dans l'eau puis de se déposer sur les roches des fonds océaniques où, la tectonique des plaques aidant, il était à nouveau enfoui. Il n'y avait donc pas forcément d'accumulation catastrophique de ce gaz dans l'atmosphère, juste un déplacement de sa concentration d'équilibre par rapport à la période actuelle.

Sont ensuite apparus les premiers organismes vivants. Au départ, ils ne produisent pas d'oxygène, mais l'apparition vers −2,7 milliards d'années de certains organismes monocellulaires appelés cyanobactéries* s'accompagne de l'invention de la photosynthèse : ces organismes puisent leur énergie de la captation du dioxyde de carbone qu'ils vont transformer grâce à l'énergie lumineuse pour fabriquer diverses molécules dont le glucose, une autre des briques du vivant, et en émettant de l'oxygène dont ils n'ont pas besoin : au départ, l'oxygène n'est rien d'autre qu'un déchet ! À la mort de ces organismes, le carbone dont ils sont composés peut être oxydé par l'oxygène qu'ils ont produit, auquel cas le bilan est neutre. Mais il peut aussi être enfoui dans les

* Ils tirent leur nom de la couleur de certains d'entre eux, bleu cyan. Néanmoins, les très nombreuses variétés de cyanobactérie peuvent prendre des couleurs très diverses : vertes ou rouges notamment.

sédiments marins et stocké – on parle alors de puits de carbone. La teneur globale en CO_2 de l'atmosphère va donc baisser ainsi que l'intensité de l'effet de serre et ce à mesure que, pour des raisons complètement autres, l'éclat du Soleil augmente. Sans que rien n'ait été concerté au départ, la température terrestre varie finalement assez peu grâce à un subtil équilibre résultant de la combinaison de quantité de facteurs astronomiques, géologiques et biologiques.

Tout ne s'est pas toujours fait sans heurts, cependant. 200 à 300 millions d'années après ce phénomène d'oxygénation de l'atmosphère (appelé Grande Oxygénation), soit il y a 2,45 milliards d'années, il existe de très nombreuses traces à la surface de notre planète de la présence de calottes glaciaires, y compris au voisinage des régions tropicales voire équatoriales : la Terre a visiblement connu un épisode de glaciation globale, d'ailleurs appelé « Terre boule de neige ». L'ampleur et la durée du phénomène sont étonnamment grandes. On pense que c'est dû au fait que l'atmosphère primitive terrestre contenait aussi des quantités importantes de méthane – nous y venons enfin. Celui-ci aurait rapidement réagi avec l'oxygène terrestre produit par les cyanobactéries pour former du dioxyde de carbone. Et en termes d'efficacité vis-à-vis de l'effet de serre, le méthane est incomparablement meilleur que le CO_2. En faisant disparaître le méthane au profit du CO_2, l'oxygène terrestre a causé une baisse rapide et catastrophique de l'effet de serre atmosphérique et une diminution drastique des températures terrestres. L'activité biologique a sans doute un temps été fortement réduite ainsi que la production de dioxygène, alors que le volcanisme continuait de rejeter du CO_2, permettant une lente reprise de l'effet de serre et la sortie de cette glaciation de nombreuses dizaines de millions d'années plus tard, et au monde vivant de s'épanouir à nouveau.

Il y aurait bien à dire sur toutes les épreuves traversées par le vivant depuis lors, mais des paléontologues et géologues en parleraient sans doute bien mieux que moi. Disons simplement que, de nos jours, il n'y a rien à la surface de la Terre qui n'ait pas été influencé par le vivant : l'atmosphère, dont la composition est radicalement différente de celle de Vénus, mais aussi la surface. En gardant la température de notre planète relativement constante depuis des milliards d'années, la vie a permis à la surface d'être constamment modelée par des processus d'érosion liés à l'eau. Les roches elles-mêmes n'ont pas été épargnées. La présence d'oxygène dans l'atmosphère produit des phénomènes d'altération qui n'avaient pas cours auparavant. Le nombre de minéraux terrestres a considérablement augmenté à partir du moment où l'oxygène a été disponible et a pu réagir avec les composés minéraux présents. Il est tentant dans ce contexte d'imaginer que la vie et la Terre demeureront à jamais indestructibles tant elles se soutiennent l'une l'autre dans leur évolution conjointe, mais ce ne sera pas le cas. Tout a une fin, et c'est à celle-ci que l'on va désormais consacrer la fin de cet ouvrage.

CHAPITRE 8

ET APRÈS ?

Mondes en collision

Si nous existons aujourd'hui, c'est qu'aucune des épreuves traversées par la biosphère ne l'a éradiquée. La Grande Oxygénation et l'ère glaciaire qu'elle provoqua probablement, les autres événements climatiques extrêmes, les extinctions massives qui ont parsemé l'histoire de la vie multicellulaire, les collisions avec comètes ou astéroïdes de plusieurs kilomètres de diamètre telle celle qui causa la disparition des dinosaures, rien de cela n'a empêché la vie de subsister ou la Terre de demeurer ce qu'elle est. La biosphère dans son ensemble peut-elle se considérer malchanceuse d'avoir eu à subir tant d'aléas ou est-elle chanceuse d'avoir évité le pire ? Et si oui, à quoi aurait-il pu ressembler ?

En 1846 les calculs de Le Verrier lui permettaient de découvrir Neptune « du bout de sa plume » (voir le chapitre 1). Fort de cette réussite, il tenta, cette fois sans succès, de découvrir une hypothétique planète très proche du Soleil et qui, pensait-il, perturbait le mouvement de Mercure*. Ensuite, il s'attela à ce qui aurait pu être la plus grande œuvre de sa vie : l'étude de la stabilité du Système solaire. La problématique était la suivante : si toutes les planètes s'influencent les unes les autres, qu'est-ce qui nous prouve que les perturbations induites sur leurs mouvements ne sont que de petites perturbations ? N'y a-t-il pas au contraire un risque que sur le long terme les orbites des planètes finissent par changer du tout au tout ? Et pour la Terre et sa fragile biosphère, un risque considérable pour sa survie ?

Le Verrier n'était pas le premier à s'intéresser à cette question. Isaac Newton lui-même était conscient que les influences mutuelles des planètes étaient susceptibles de nuire à la stabilité de leur orbite et, un siècle plus tard, Pierre-Simon Laplace avait, dans son *Traité de mécanique céleste* (1799), tenté d'aborder le problème par le biais d'approximations successives. Comme ses deux illustres prédécesseurs, Le Verrier mourut sans avoir la réponse à cette question. Il faut dire que le problème auquel il s'attaquait était trop ambitieux pour son époque.

---

* Voir *Pourquoi* $E = mc^2$.

Il est impossible, en pratique, de tenir compte de toutes ces perturbations. Ce qu'avait fait Le Verrier pour l'étude des mouvements d'Uranus et Mercure, c'est ce que les physiciens appellent un « traitement perturbatif ». On part du mouvement des planètes sans tenir compte de leurs perturbations mutuelles, puis on modélise celles-ci de façon approchée afin de déterminer de combien les mouvements ont été perturbés par cette première approximation. Puis, partant de cette nouvelle forme du mouvement, on ajoute une perturbation supplémentaire, un peu plus précise encore, et on regarde quelles en sont les conséquences. Présenté de cette façon, on a l'impression que le processus devrait converger assez rapidement, mais ça n'est pas le cas. Chaque nouvelle itération de la méthode est plus complexe à implémenter que la précédente. En prime, elle modifie le devenir des trajectoires d'une façon qui devient de plus en plus difficile à prévoir sur le très long terme.

Il faut dire que les lois de la gravitation sont frustrantes à cet égard. Deux objets en orbite l'un autour de l'autre ont une trajectoire facile à modéliser : dès qu'il avait établi ces lois en 1687, Newton y était parvenu. Mais il apparaît immédiatement que modéliser exactement comment trois corps influençaient leurs trajectoires mutuelles est incomparablement plus ardu. Quelques rares solutions exactes sont trouvées durant le XVIIIe siècle. En 1767, le mathématicien Leonhard Euler (1707-1783) décrit le mouvement de trois astres de masse identique dans l'hypothèse où l'un est immobile au centre et où les autres se déplacent de façon symétrique autour de lui. Cinq ans après, Lagrange trouve la solution des astéroïdes troyens que j'ai brièvement évoquée au chapitre 6, où un corps de masse négligeable accompagne, comme figé, l'orbite mutuelle de deux autres corps. Ce ne sont là que des cas très particuliers. Le problème résiste à toutes les tentatives, ce qui laisse peu d'espoir d'en trouver un jour une solution générale. Même en imaginant une situation simplifiée avec un astre central, le Soleil, qui domine en masse deux planètes, le problème ne semble pouvoir être abordé que *via* différentes approximations dont il semble impossible de déterminer la robustesse sur le long terme. Ce problème occupe nombre de grands mathématiciens du XIXe siècle et voit un résultat décisif obtenu par le Français Henri Poincaré (1854-1912) en 1890 : l'évolution d'un tel système dépend de façon cruciale de leurs position et vitesse initiales. Cela laisse-t-il un espoir que l'évolution d'un tel système soit calculable ? Dix-neuf ans plus tard, le Finlandais Karl Sundman (1873-1949) trouve finalement une méthode pour la prédire exactement. Problème, cette évolution nécessite d'additionner un nombre infini de termes, autrement, la prédiction de la trajectoire est imparfaite. Pour obtenir un résultat d'une précision donnée, un nombre fini de termes est suffisant, cependant si on multiplie par deux le temps pendant lequel on veut suivre l'évolution du système, le nombre de termes qu'il est nécessaire de calculer est multiplié par huit, et encore par mille si on veut connaître l'évolution sur un temps seulement dix fois plus long. Finalement, les travaux de Sundman sont mathématiquement parfaits... mais totalement inutilisables en pratique : ce qui est une solution pour un mathématicien ne l'est pas toujours pour un physicien ou un astronome.

En ce début de XXe siècle, cerner ce qu'il se passe vraiment est difficile. Il faut attendre l'avènement de l'informatique pour y voir plus clair, et surtout que le hasard mette sur la route des physiciens une situation plus facile à résoudre, sorte de pierre de Rosette mathématique. Celle-ci surgit au début des années 1960 dans un domaine sans rapport direct avec la gravitation, à savoir la météorologie. Avec les balbutiements des premiers calculateurs de l'époque, des expériences numériques sont menées par des météorologues sur un problème très rudimentaire :

pas question ici de prédire le temps qu'il fera demain à l'échelle d'un pays ou d'un continent, des chercheurs s'intéressent à l'apparition des phénomènes de convection dans l'atmosphère et à leur évolution future. Pour cela, le modèle utilisé fait intervenir uniquement trois quantités physiques, qui sont supposées ne pas dépendre de l'espace. Seule leur évolution temporelle est modélisée, suivant un jeu simplifié d'équations où l'évolution d'une quantité à un moment donné dépend de sa valeur et de celle des deux autres à ce même instant. Comme les ordinateurs de l'époque sont d'une fiabilité aléatoire, il arrive que leur programme plante et doive être relancé depuis le début. Un jour, le météorologue américain Edward Lorenz (1917-2008) est confronté une fois de plus à ce problème. Pour gagner du temps et éviter d'avoir à tout recommencer, il a pensé à faire imprimer sur une feuille de papier la valeur des trois quantités à chaque itération de son programme. Après le plantage de celui-ci, il décide de repartir non pas du début mais d'une des étapes intermédiaires, en entrant dans le programme, en guise de conditions initiales, les conditions trouvées peu de temps avant qu'il ne s'arrête. Les étapes affichées par le programme entre le moment où Lorenz choisit de le relancer et l'arrêt doivent lui permettre de vérifier que le nouveau programme redonne le même résultat mais, à sa grande surprise, Lorenz constate que ce n'est pas le cas. Il n'a pas entré dans le nouveau programme les valeurs *exactes* du précédent, mais seulement les valeurs affichées, qui ne comportent que trois décimales, là où la mémoire de l'ordinateur en garde six. Lorenz découvre qu'un écart infime dans les valeurs retenues – moins de 0,01 % – affecte drastiquement l'évolution du système pourtant rudimentaire qu'il étudie. Il publie rapidement ses résultats qui restent d'abord connus des seuls spécialistes. L'Histoire frappe vraiment à sa porte neuf ans plus tard, en 1972. Lors d'une conférence devant l'Association américaine pour le progrès des sciences, il fait une intervention dont le titre est d'une rare puissance évocatrice et poétique : « Le battement d'ailes d'un papillon au Brésil peut-il déclencher une tornade au Texas ? ». L'*effet papillon*. Dans la culture populaire, l'expression fait florès, au point d'être utilisée sans discernement : le travail de Lorenz concerne l'extrême sensibilité d'un système aux conditions initiales, ce qui est abusivement assimilé au fait qu'une cause infime peut avoir de grands effets. Cela peut bien sûr arriver, mais pas de façon systématique.

À l'inverse, l'effet papillon version Lorenz est un phénomène très générique en météorologie, et pas uniquement. La théorie du chaos – son nom scientifique – s'immisce peu à peu dans de nombreux domaines de la physique et finit par faire irruption en astronomie. Dans les années 1980 et 1990, le Français Jacques Laskar (né en 1955) révèle l'omniprésence du chaos dans le Système solaire. Plus précisément, il démontre que les orbites des quatre planètes géantes sont stables sur le très long terme mais qu'en revanche, l'incertitude règne pour les planètes telluriques, surtout pour Mercure et dans une moindre mesure pour Mars. Jusqu'à quel point? Les calculs indiquent que les interactions entre planètes sont susceptibles de modifier leur orbite, mais pas de n'importe quelle façon. Leur distance médiane au Soleil a peu de chances de varier. En revanche, leur circularité, si. Cela signifie que leurs distances maximale et minimale au Soleil varieront avec la même amplitude. Et si ces écarts de distance sont suffisants, alors les orbites des planètes peuvent dangereusement se rapprocher. D'ordinaire, c'est parce que les planètes évoluent loin les unes des autres que leur influence mutuelle est faible. Mais si elles ont l'occasion d'avoir des rencontres rapprochées, alors leurs trajectoires peuvent être radicalement modifiées. Les travaux de Laskar montrent que c'est ce qui est susceptible de se produire. Deux possibilités dans ce cas: soit, à l'issue de la rencontre, l'orbite des planètes est drastiquement modifiée, au point que l'une des deux, en général la moins massive, peut même être expulsée du système; soit il se passe le même type d'événement que lors de l'enfance du Système solaire et dont la formation de la Lune est peut-être le vestige le plus récent: une collision.

Et Einstein sauva la Terre

Peut-on quantifier ce risque? Dans des simulations réalisées en 2009, Laskar part de conditions initiales, correspondant à la meilleure estimation des positions et vitesses des planètes à une époque récente. Ensuite, il les fait évoluer sur plusieurs milliards d'années en résolvant, de la façon la plus précise et la plus rapide possible, les équations qui régissent leur mouvement, dictées par les lois de la gravitation. Une première approximation de celles-ci a été trouvée par Newton en 1687, avant qu'Einstein n'en donne une meilleure description en 1915*. Avec une unique simulation, impossible de dire quoi que ce soit sur la stabilité du Système solaire. Mais en changeant de façon infime ces positions (en l'occurrence en déplaçant Mercure d'une fraction de millimètre à chaque nouvelle

* Voir *Pourquoi $E = m c^2$*.

simulation), il peut effectuer une exploration numérique et statistique des issues possibles de l'évolution future du Système solaire. L'effet papillon se manifeste alors par le fait que l'infime déplacement de Mercure se traduit par des altérations considérables du devenir de son orbite. Dans la plupart des cas, elle demeure à peu près circulaire et ne s'éloigne guère de sa position actuelle. Mais, dans d'autres, elle s'ovalise considérablement au point de croiser celle de Vénus, avec laquelle elle interagit parfois fortement, moment à partir duquel, tel un chien dans un jeu de quilles, elle provoque des perturbations en cascade parmi les quatre planètes rocheuses. Avec une issue parfois catastrophique. Dans un peu moins de 1 % des cas, Mercure est expulsée du Système solaire ou finit par plonger dans le Soleil. Dans quelques autres cas, des rencontres très rapprochées entre planètes se produisent, comme lorsque Mars frôle la Terre à moins de 1 000 kilomètres de distance. Sans être une collision, un tel passage rapproché serait des plus catastrophiques : en passant aussi près de la Terre, Mars serait fortement déformée et en partie disloquée par le champ de gravité de la Terre en raison des effets de marée (voir le chapitre 6) et nul doute qu'une partie de ses débris tomberaient sur la Terre : même sans collision, l'apocalypse est possible.

Sur les 2 501 simulations effectuées, l'une d'elles est particulièrement problématique avec un impressionnant effet domino sur toutes les autres planètes. Aussi Laskar s'est-il amusé à faire des nouveaux essais à partir des conditions de cette simulation-là en modifiant cette fois-ci d'une manière infime la position initiale de Mars (d'à peine 0,15 millimètre d'une simulation à l'autre) : la position de Mercure conduisant à d'importants bouleversements, changer la position de Mars permettait de voir l'étendue possible de ceux-ci. Verdict : sur les 201 essais réalisés, cinq mènent à l'éjection de Mars du Système solaire et les 196 autres à des collisions : Mercure ou Mars avec le Soleil, ou alors une collision entre deux planètes, la Terre étant impliquée dans quarante-huit cas, soit 25 % du total. Doit-on en déduire que l'apocalypse est pour demain ? Pas vraiment. D'abord, une seule simulation sur les 2 501 réalisées au départ est vraiment problématique, ce qui ne représente que 0,04 % des cas. Et en général, la catastrophe se produit dans de très nombreux milliards d'années. Une apocalypse improbable qui n'est certainement pas pour demain, donc. Pour les plus anxieux d'entre vous, retenez simplement que vous pouvez dormir tranquilles.

L'origine de tous les dérangements observés dans certaines simulations est une forte modification de l'orbite de Mercure qui induit parfois des conséquences en cascade. Autrement dit, Mercure est le « maillon faible » du Système solaire. Pour savoir pourquoi et à quel point c'était le cas, Laskar s'est amusé à refaire les mêmes simulations, mais en utilisant les lois de la gravitation de Newton et non celles d'Einstein. Avec à la clé un étonnant résultat : les risques de déstabilisation sont bien plus fréquents ! Plus précisément, dans son jeu de 2 501 simulations de départ, il n'y en avait que vingt, soit 0,8 %, où Mercure subissait une ovalisation extrême de son orbite, prémices d'une évolution potentiellement dangereuse pour les autres planètes. En utilisant les lois de la gravitation de Newton, la probabilité passe de 0,8 à… 60 % !

La raison exacte de cette différence n'est pas évidente. Les infimes corrections que le second jeu de lois apporte par rapport au premier n'indiquent pas de façon manifeste qu'elles limitent les risques de rencontres rapprochées ou de collisions entre planètes, donc peut-être est-ce là un hasard. Ce qui peut mener à des collisions, ce sont en réalité les phénomènes de résonance, brièvement évoqués au chapitre 5 et qui ont favorisé les collisions successives des protoplanètes. Il semble que les infimes différences entre les lois de Newton et d'Einstein aient une influence sur l'efficacité de ces résonances, sans que l'on comprenne bien pourquoi. En tout état de cause, ce qui vaut pour le futur vaut aussi pour le passé : peut-être la Terre a-t-elle déjà évité une immense catastrophe « grâce » aux lois de la gravitation d'Einstein.

Rien n'est éternel

Longtemps, les réflexions sur le devenir et la fin du monde furent la chasse gardée des philosophes et des religieux. Elles portent même un nom, assez curieux : l'eschatologie. À partir du milieu du XIXe siècle, les réflexions des scientifiques quant à la source d'énergie et l'espérance de vie du Soleil intronisent ce domaine dans le champ scientifique. Si aucun cataclysme n'a lieu d'ici-là, il est clair que la fin du Soleil scellera celle de la vie sur Terre. Au XIXe siècle, la réalisation que le Soleil ne pourrait sans doute briller que pendant une durée finie donna naissance au concept de mort thermique de l'Univers. La science nous confronte donc à notre finitude, non plus seulement en tant qu'individus, mais en tant qu'espèce, en tant qu'habitants du vaisseau *Terre*. Angoisses réelles mais futiles pour certains tant il était impossible de lutter contre l'inéluctable, comme le résume l'écrivain Joseph Conrad en 1898 : « Le sort de l'humanité, condamnée finalement à périr de froid, ne vaut pas la peine qu'on s'en préoccupe. Si vous le prenez à cœur, cela devient une tragédie insupportable. Si vous croyez au progrès, alors vous devez vous lamenter, car la perfection atteinte doit se terminer dans le froid, l'obscurité et le silence. »

De l'autre côté de la Manche, on n'est pas moins inquiet. Dans sa célèbre *Astronomie populaire* (1880), Camille Flammarion a une pensée pour les derniers humains, condamnés, croit-il savoir, à mourir de froid. Dans son esprit, c'est la Terre elle-même qui se chargera de la besogne. Aujourd'hui, s'imagine-t-il, les eaux de surface s'infiltrent dans le sol où elles finissent par se vaporiser du fait des hautes températures de l'intérieur terrestre. Mais quand la Terre se sera refroidie, cette eau quittera à jamais la surface et, dénuée de la vapeur d'eau et de son effet de serre, la Terre se refroidira. Les latitudes tempérées deviendront aussi glaciales que les régions polaires actuelles, nous poussant à devenir des réfugiés climatiques en nous exilant vers l'équateur. Tout en illustrant son propos d'une gravure montrant un paysage enneigé où deux squelettes tendrement enlacés tentent tant bien que mal d'envelopper de leurs bras décharnés un squelette d'enfant alors qu'un squelette d'animal (un chien ?) gît à leurs côtés, Flammarion prédit, avec son lyrisme habituel : « Du sommet des montagnes, le linceul des neiges descendra sur les hauts plateaux et les vallées, chassant devant lui les civilisations, et masquant pour toujours les villes et les nations qu'il rencontrera sur son passage. La vie et les activités humaines se resserreront insensiblement vers la zone intertropicale. Saint-Pétersbourg, Londres, Paris, Berlin, Vienne, Constantinople, Rome, s'endormiront successivement sous leur suaire éternel. Pendant bien des siècles, l'humanité équatoriale entreprendra vainement des expéditions arctiques pour retrouver sous les glaces la place de Paris, de Lyon, de Bordeaux, de Marseille. Les rivages des mers auront changé, et la carte géographique de la Terre sera transformée. On ne vivra plus, on ne respirera plus, que dans la zone équatoriale, jusqu'au jour où la dernière tribu viendra s'asseoir, déjà morte de froid et de faim, sur le rivage de la dernière mer, aux rayons d'un pâle soleil, qui n'éclairera désormais ici-bas qu'un tombeau ambulant tournant autour d'une lumière inutile et d'une chaleur inféconde. Surprise par le froid, la dernière famille humaine a été touchée du doigt de la Mort, et bientôt ses ossements seront ensevelis sous le suaire des glaces éternelles. »

Émouvantes, ces considérations se trompent cependant dans la direction que prendra la température.

Ce n'est pas de froid dont périra la biosphère, mais plutôt de chaud, et ce bien après que l'humanité aura disparu en tant qu'espèce vivante. Comme je l'ai dit au chapitre précédent, la luminosité d'une étoile de type solaire augmente lentement lors de la séquence principale, à raison de 5 à 10 % par milliard d'années. La relative constance de la température terrestre résulte de la combinaison heureuse de cette augmentation et des changements progressifs dans la composition de l'atmosphère terrestre qui s'appauvrit en gaz à effet de serre. Cela n'a été possible que parce que le Soleil jeune était relativement peu lumineux et l'atmosphère primitive fort riche en gaz à effet de serre. Il est évident que si le Soleil devient trop lumineux, même une atmosphère totalement dénuée de gaz à effet de serre ne sera plus d'aucun secours. Or c'est bien cette situation à laquelle va être confrontée la biosphère. Quand et comment ? Le détail est difficile à déterminer.

À mesure que la Terre se réchauffe du fait de la hausse de luminosité du Soleil, l'évaporation des eaux de surface augmente, ce qui va amplifier l'augmentation des températures car la vapeur d'eau est un gaz à effet de serre. À la différence d'aujourd'hui, la température terrestre sera donc contrôlée par un effet de serre qualifié d'« humide ». Avec plus de vapeur d'eau, il y aura plus de dioxyde de carbone atmosphérique qui sera dissous dans les gouttelettes d'eau et qui retombera en pluie au sol. Il réagira alors plus efficacement avec les roches et se fixera à elles. Paradoxalement, ce réchauffement se traduira par une baisse de la teneur en dioxyde de carbone atmosphérique. Et c'est là une très mauvaise nouvelle : la photosynthèse par les organismes végétaux est uniquement possible parce que la teneur en CO_2 est suffisamment élevée. Au bout d'un moment, ce ne sera plus le cas. Et impossible d'espérer que le volcanisme nous aide. L'activité volcanique est associée au fait que l'intérieur terrestre est encore chaud, grâce à la chaleur accumulée lors de sa formation et grâce à la radioactivité. Mais ces deux sources de chaleur s'amenuisent au cours du temps et le volcanisme est condamné à se tarir peu à peu, comme c'est déjà le cas sur la Lune ou sur Mars. Privée de sa principale source de carbone et handicapée par l'accélération des pertes de celui-ci, l'atmosphère va s'appauvrir en dioxyde de carbone, menant à l'inéluctable mort des organismes végétaux et l'effondrement, lent et progressif, de la chaîne alimentaire. En l'absence de photosynthèse et du cycle respiratoire des plantes, l'oxygène atmosphérique aura lui aussi tôt fait de réagir avec les roches et autres composés à la surface de notre planète, s'appauvrissant également dans notre atmosphère : ceux qui ne mourront pas de chaud ou de faim mourront de suffocation... ou survivront peut-être. La suite ?

La biosphère sera dominée par des organismes qui n'ont pas besoin d'oxygène et qui, de préférence, supportent des températures élevées. Ce seront probablement des organismes unicellulaires comme il en existe aujourd'hui, aussi il n'y a pas de raison de penser qu'il en sera différemment quand adviendront les temps étouffants et lugubres que je décris. La température continuera de s'élever du fait de l'augmentation de l'activité du Soleil, provoquant un effet de serre humide de plus en plus intense. Dans cette atmosphère anoxique (c'est-à-dire dépourvue d'oxygène), il n'y aura plus d'ozone non plus, donc plus de filtre des rayons ultraviolets. Les êtres encore là mourront alors d'irradiation. Il faut bien mourir de quelque chose, après tout. Les survivants (des bactéries, donc) seront condamnés à se réfugier sous terre. Plus grave, sans ozone, le rayonnement ultraviolet n'aura aucune difficulté à dissocier la vapeur d'eau en oxygène et hydrogène. Or une planète retient d'autant plus facilement ses composants atmosphériques qu'ils sont massifs. C'est la raison pour laquelle il n'y a pas aujourd'hui d'hydrogène ou d'hélium dans l'atmosphère terrestre. L'hydrogène produit par la dissociation de la vapeur d'eau s'évadera lui aussi de l'atmosphère à tout jamais, laissant seul l'oxygène qui aura tôt fait de réagir avec ceci ou cela. En tout cas, il n'y aura plus d'eau et là, on ne voit pas comment la vie pourrait survivre.

Les derniers organismes mourront-ils de chaud, de faim, de suffocation, d'irradiation ou de soif ? Cela dépendra de la temporalité des différentes étapes évoquées ci-dessus, et de la capacité de la biosphère à s'y adapter. Il existe un consensus cependant pour dire que d'ici deux milliards d'années, la Terre fermera boutique comme havre propice à la vie. Mais même dénuée de vie, elle existera encore… quoique pas forcément pour toujours.

Pour toutes les étoiles suffisamment massives pour entamer la combustion de l'hélium (c'est-à-dire toutes celles qui dépassent une demi-masse solaire), la fin de la séquence principale va s'accompagner d'un réarrangement complexe de leur structure. Au centre d'une étoile de type solaire, il n'y a pas de brassage de la matière. La combustion de l'hydrogène en hélium appauvrit le cœur de l'étoile en hydrogène sans que celui disponible en périphérie puisse migrer vers le cœur. Une fois celui-ci totalement dépourvu d'hydrogène, la combustion de ce dernier va peu à peu migrer vers l'extérieur à un rythme qui va aller croissant.

Pour évacuer ce surplus d'énergie, l'étoile va se réorganiser et considérablement augmenter sa taille. Avec une surface aussi étendue, le Soleil n'aura même plus besoin d'être aussi chaud en surface. Sa température de surface baissera alors et il prendra une couleur rouge. Comme toutes les étoiles de sa catégorie, il passera par le stade dit de géante rouge, identifié par Ernst Öpik dès la fin des années 1930. Pour la Terre, cette phase sera probablement la fin de toutes choses. La distance Terre-Soleil est, à l'heure actuelle, égale à deux cent trente fois le rayon de notre étoile. Or ce dernier sera multiplié par environ deux cent cinquante, nous prédisent les modèles d'évolution stellaire. Cela signifie que la surface de notre étoile englobera l'orbite de notre planète, et donc qu'elle sera détruite. Est-ce certain? Presque. C'est lors de cette phase que notre étoile subira les importantes pertes de masse évoquées au chapitre 3. Grâce à elles, la Terre sera moins liée à notre étoile et spiralera lentement vers l'extérieur à mesure que le Soleil s'allégera. Problème, ces pertes de masse seront assez irrégulières et se feront probablement par bouffées, ce qui régulièrement «polluera» l'orbite de la Terre, et la freinera dans sa course au-dessus de la brûlante surface qui se rapprochera dangereusement d'elle. La Terre arrivera-t-elle à s'éloigner du Soleil en pleine cure d'amaigrissement, ou sera-t-elle freinée par lui ? Les nombreuses inconnues du problème empêchent de donner une réponse définitive à cette question mais il apparaît éminemment probable que l'issue la plus réaliste sera celle d'une Terre qui se fera happer par le Soleil dans 7,6 milliards d'années, 500 000 ans à peine avant qu'il n'atteigne brièvement le faîte de son éclat. Il perdra ensuite une quinzaine de pourcents de sa masse restante lors d'un ultime soubresaut qui surviendra 150 millions d'années plus tard, expulsant au passage une partie de ce qui fut la Terre. Une partie de notre planète sera donc rendue au milieu interstellaire d'où, peut-être, naîtront d'autres étoiles, conformément au cycle du milieu interstellaire à l'œuvre depuis plus de 13 milliards d'années.

Où sont-elles ?

Enrico Fermi (1901-1954) est un physicien américain d'origine italienne. Il a obtenu sa place dans l'histoire des sciences grâce à ses travaux en physique nucléaire. Il est considéré comme un des premiers chercheurs à avoir entrevu le potentiel dévastateur de l'équation $E = m c^2$, et c'est sans surprise qu'il s'est intéressé aux conséquences de la fameuse équation dans ce domaine de la physique. C'est en Italie qu'il a obtenu ses plus importants résultats scientifiques, couronnés en 1938 du prix Nobel de physique. Ses travaux en mécanique quantique l'ont amené, avec certains de ses contemporains, à comprendre que les particules élémentaires pouvaient être classées en deux catégories, dont l'une sera baptisée « fermions » en son honneur. Émigré aux États-Unis en 1939 à cause des lois antisémites décrétées par Benito Mussolini, c'est dans son pays d'adoption qu'il sera le premier à produire une réaction en chaîne contrôlée, une étape décisive dans le développement de l'arme atomique.

En hommage à ses nombreux travaux, il fait partie des rares scientifiques à avoir un élément chimique nommé en son honneur, en l'occurrence le fermium avec tout juste cent protons. De bien courte durée de vie (cent jours en moyenne dans sa configuration la plus stable) ledit fermium doit sa présence sur Terre aux travaux des physiciens nucléaires et des essais atomiques, deux domaines dans lesquels Fermi a excellé, pour le meilleur et pour le pire. Chercheur touche-à-tout, il s'est aussi intéressé aux lois de la gravitation d'Einstein, dont il a tiré un concept, désormais nommé les « coordonnées de Fermi ». C'est également en son honneur qu'a été nommé le plus grand centre américain de recherche en physique des particules, le Fermilab, et il a eu droit à autant d'honneurs de la part de la Nasa qui a baptisé de son nom son télescope spatial dédié à l'observation des rayons lumineux les plus énergétiques (les rayons gamma), lancé en 2008. Pour les aficionados des anecdotes du prix Nobel, il est aussi connu pour être un des rares scientifiques à avoir été récompensé pour une mauvaise raison. Non pas qu'il ait été un imposteur, loin de là, mais parce que le point *précis* invoqué par le comité Nobel pour justifier son choix, à savoir la synthèse de nouveaux éléments radioactifs en 1934, s'est avéré être un article... faux.

Toutefois, toutes ces réalisations, glorieuses ou anecdotiques, ne justifient pas la présence de ce monsieur dans ce livre. Si je vous en parle ici, ce n'est pas pour ses travaux en physique nucléaire, ni même en physique tout court. Ce qui rend inévitable la mention de son nom dans les dernières pages de cet ouvrage, c'est pour une question qu'il a posée en 1950 lors d'une discussion informelle avec quelques collègues. Une question, et même *la* question, diront peut-être tous ceux qui s'intéressent à la problématique de la vie dans l'Univers : où sont-elles ? « Elles », ce sont les intelligences extraterrestres. Comment se fait-il, aurait demandé Fermi un jour de 1950, que dans l'immensité d'étoiles de notre Galaxie, il n'y en ait pas d'autres qui hébergent des planètes où vivent d'autres intelligences que la nôtre, et par conséquent, comment se fait-il que nous ignorions leur existence ?

Où sont-elles ? La question n'est pas nouvelle. Un peu avant 1600, Giordano Bruno avait déjà envisagé la pluralité des mondes habités. Quand Fermi repose cette question trois siècles et demi plus tard, l'heure n'est plus à la crainte de subir le châtiment de l'Église, mais à réfléchir à notre place dans l'Univers. Comme le questionnement a surgi lors d'une discussion informelle entre collègues, on ne sait exactement ce que Fermi a pensé de cette question ni en quels termes exacts il l'a formulée, au point qu'elle fut redécouverte en plusieurs occasions dans les années qui suivirent.

Une seule question, mais bien des réponses possibles. Peut-être que, contrairement à ce qu'imaginait Fermi, l'émergence d'une intelligence comparable ou supérieure à la nôtre est un phénomène tellement rarissime qu'il ne peut guère se produire qu'une seule fois (nous !) dans notre Galaxie, voire dans l'Univers tout entier. Ou alors ces intelligences existent mais ne peuvent communiquer avec nous ou même laisser des traces détectables de leur existence. C'est ce qu'il se passerait par exemple pour des êtres vivant sous l'épaisse couche de glace de certains satellites de planètes géantes comme Europe, autour de Jupiter ou Encelade, autour de Saturne. Ou alors ces entités ne veulent purement et simplement pas communiquer avec nous. Après tout, l'histoire humaine est parsemée d'épisodes tragiques où le premier contact entre des civilisations a eu des conséquences catastrophiques pour l'une d'entre elles, souvent la moins développée : pour vivre heureux, vivons cachés. Enfin, peut-être que ces intelligences extraterrestres existent et nous observent de loin, mais que nous sommes trop bêtes pour nous en rendre compte. C'est l'idée défendue par Arthur C. Clarke dans *2001 : L'Odyssée de l'espace* (1968). Une intelligence extraterrestre a visité la Terre il y a des centaines de milliers d'années et, considérant que l'humanité était alors bien trop primitive, a enterré sur la Lune un engin de communication – le fameux monolithe –, invisible depuis la Terre mais dont le fort champ magnétique finirait par être détecté lors de l'exploration de notre satellite, quand nous aurions enfin atteint un niveau décent de maîtrise technologique. En le déterrant et en l'exposant à la lumière du Soleil, l'engin se mettrait en marche après un bien long sommeil et enverrait un signal radio à ses concepteurs pour leur signifier qu'après des milliers de siècles d'attente, l'humanité a atteint un niveau de connaissance suffisant pour qu'un dialogue soit possible.

Que penser de ces élaborations ? Déjà, elles sont très anthropocentrées. Il est facile de calquer les supposées intentions de ces altérités d'un autre monde sur nos propres comportements. Vouloir communiquer, préférer se cacher, voilà des réflexes bien humains qui parlent à chacun d'entre nous. Mais à quel point sont-ils réellement *universels*, et pas seulement « terrestres » ? À quel point s'appliquent-ils partout, et pas seulement aux espèces vivantes de *notre* planète ?

Afin de contourner ces problèmes, les scientifiques ont tenté d'aborder la question sous un angle différent. Le plus connu est l'Américain Frank Drake (1930-2022), auteur de l'équation qui porte son nom, une des rares qui soient connues au-delà des seuls cercles scientifiques. Pour savoir combien de civilisations technologiquement avancées de notre Galaxie seraient susceptibles de communiquer avec nous, on va partir du rythme moyen auquel se forment les étoiles (entre une et dix par an dans notre Galaxie, voir le chapitre 4), puis ne garder de ce chiffre que la fraction de celles qui vont abriter un système planétaire, puis le multiplier par le nombre moyen de planètes situées dans la « zone habitable », c'est-à-dire ni trop proches ni trop loin de leur soleil pour que la température y soit clémente. Ensuite, on ne garde de celles-ci que la fraction où la vie apparaîtra, puis, parmi celles restantes, la fraction où ladite vie évolue pour atteindre une intelligence comparable ou supérieure à la nôtre, puis la fraction de ces formes de vie désireuses de communiquer et on va enfin multiplier le tout par le nombre d'années pendant lesquelles une telle civilisation va effectivement exister. Par exemple, s'il ne se forme qu'une étoile par an dans notre Galaxie et que toute étoile formée possède une planète qui hébergera tôt ou tard une forme de vie intelligente, alors chaque année, en moyenne, se développe une telle intelligence, quel que soit le délai entre la formation de l'étoile et l'apparition de l'intelligence en question. Le nombre de ces intelligences avec qui on peut espérer communiquer à un instant donné sera alors, dans cet exemple, simplement égal au nombre moyen d'années pendant lesquelles une telle intelligence survit – quelques décennies au moins pour ce qui est de l'humanité, peut-être guère plus si nous ne prenons pas assez soin de notre planète.

La formulation de Drake a un mérite indéniable. Elle propose de quantifier la question initiale de Fermi, mais... elle se heurte vite à un écueil : la difficulté d'évaluer les paramètres qui entrent en ligne de compte. Comment calculer la probabilité qu'une forme de vie se développe à la surface d'une planète située dans la zone habitable ? Et celle où elle évolue en une forme intelligente ? Et, pire, quelle est la fraction de ces hypothétiques intelligences qui voudraient communiquer ? Avec une supposée neutralité sur le sujet, mais sans doute empreinte d'un certain *a priori* (qui n'en aurait pas sur une telle question ?), Drake estimait que le nombre de civilisations extraterrestres était, peut-être, de l'ordre de dix. Un chiffre que l'on pourrait, qui sait, multiplier par dix si la probabilité qu'une espèce intelligente désire communiquer ne soit pas de 1 % comme il le conjecturait, mais plutôt de 10 % (comment diable savoir ?), mais qui pourrait tout autant être inférieur à 1 si la durée de vie d'une civilisation intelligente n'était pas de dix mille ans comme envisagé par Drake, mais d'à peine quelques siècles. Bref, une équation à beaucoup d'inconnues dans laquelle aucun des termes n'est facile à évaluer (à part peut-être les deux premiers) peut être manipulée, consciemment ou non, afin de converger vers la solution qu'on veut bien lui donner.

Cette question est parfois une des motivations de ceux qui s'intéressent aux exoplanètes. N'est-ce pas, disent certains, le but ultime de l'astronomie que d'y répondre ? D'autres sont plus mesurés. Ils estiment qu'il est encore trop tôt pour s'intéresser à la vie ailleurs dans l'Univers, vu qu'on est loin d'avoir sondé toute la diversité des systèmes exoplanétaires que Dame Nature est capable de former. Un jour peut-être toutes nos forces seront tournées vers la recherche d'une autre forme de vie, rudimentaire ou avancée, mais pas tout de suite. Une chose est certaine : intelligente ou non, la vie interagit avec l'atmosphère de sa planète hôte, et étudier celle-ci, c'est se donner la possibilité de détecter ce qui semble être des biosignatures, comme la présence d'ozone, induite par l'oxygénation d'une atmosphère à la suite de l'invention de la photosynthèse par les êtres vivants d'un autre monde. C'est une tâche difficile au regard des moyens actuels, mais pas impossible à moyen terme, au moins pour des exoplanètes suffisamment proches. Autrement dit, si la vie prolifère un peu partout dans l'Univers, il n'est pas exclu que nous arrivions à la découvrir ailleurs que sur Terre dans les décennies à venir. Quand exactement ? C'est un chapitre qui n'est pas encore écrit.

CONCLUSION

« Conservons avec soin, augmentons le dépôt de ces hautes connaissances, les délices des êtres pensants. Elles ont rendu d'importants services à la Navigation et à la Géographie ; mais leur plus grand bienfait est d'avoir dissipé les craintes produites par les phénomènes célestes et détruit les erreurs nées de l'ignorance de nos vrais rapports avec la nature, erreurs et craintes qui renaîtraient promptement, si le flambeau des sciences venait à s'éteindre. »

Pierre-Simon Laplace,
Exposition du système du monde,
6e édition, 1835

L'histoire de notre planète est comme une série Netflix, disais-je en introduction. Une série dont la fin semble déjà connue : sauf billard gravitationnel improbable initié par Mercure, la Terre ne bougera guère de son orbite et fusionnera avec le Soleil, des milliards d'années après que la vie y aura été éradiquée par ce même Soleil. Difficile en revanche de savoir combien d'épisodes, combien de rebondissements imprévus, combien de héros improbables nous séparent de l'inéluctable : comme dans toute bonne série, la scénariste Dame Nature est assez inventive pour nous réserver des surprises que je ne prétendrai pas être capable d'anticiper.

Pour terminer, je me contenterai d'un calcul personnel. Quand la Terre se fera probablement happer par le Soleil d'ici 7,6 milliards d'années, les atomes qui auront composé nos organismes rejoindront aussi notre étoile. Celle-ci expulsera ensuite 15 % de la masse qui lui reste alors, et donc 15 % de nos atomes, qui seront rendus au milieu interstellaire. De nos jours, les galaxies forment des étoiles parce qu'elles contiennent surtout du gaz et il est rare que des galaxies soient stériles malgré la présence de gaz. Aussi le cycle du milieu interstellaire nous offre-t-il quelques perspectives que la partie de la Terre ainsi rendue au milieu interstellaire participe à la formation de nouvelles étoiles. Ce n'est pas certain car les galaxies dans 8 milliards d'années ne ressembleront pas forcément à ce qu'elles sont aujourd'hui, mais c'est plausible. Ainsi, il n'est pas déraisonnable d'envisager (ou d'espérer ?) que certains des atomes qui nous composent participent un jour lointain à fabriquer de nouvelles étoiles, éventuellement entourées de planètes, qui éventuellement abriteront la vie. Dans quelles proportions ? On peut évaluer dans la masse expulsée par le Soleil mourant (40 %) la fraction que représente ce qui aura appartenu à notre organisme (15 % de sa masse initiale) : un peu moins d'une dizaine de kilogrammes comparés à un peu moins d'un milliard de milliards de milliards de tonnes (un « 1 » suivi de 27 zéros). Si un jumeau du Soleil naît dans un futur fort lointain, accompagné d'une jumelle de la Terre qui héberge elle aussi la vie, c'est un rapport de masse comparable voire supérieur qui liera un grand organisme à son étoile (en fonction de leur masse respective, bien sûr). Aussi infime qu'il soit, ce rapport, multiplié par le nombre d'atomes qui composeront cet organisme, donne un résultat possiblement supérieur à un (cela dépend, à nouveau, du détail des chiffres en jeu). Autrement dit, si l'intégralité du matériau expulsé par le Soleil mourant en fin de vie était recyclé pour former une nouvelle étoile dotée d'une exoplanète peuplée d'êtres vivants aussi massifs que des arbres extraterrestres, alors *chacun* d'entre eux possédera en moyenne *plusieurs atomes* ayant appartenu à chacun d'entre nous, à chacun des êtres humains ou arbres qui ont déjà vécu ou vivront un jour sur notre Terre, qui eux-mêmes incorporent, peut-être, un infime nombre d'atomes qui ont appartenu aux organismes disparus ayant poussé sur, ou foulé, la surface d'une planète détruite et oubliée à jamais. Il est très humain d'être angoissé à l'idée de sa propre finitude, mais nous pouvons nous consoler en rêvant qu'un peu de nous-mêmes sera, peut-être, partie intégrante d'organismes vivants et, qui sait, pensants, bien après la mort du Soleil.

POSTFACE D'ÉTIENNE KLEIN

« Là, vraiment, l'histoire commence. »

Michel Serres

Cet ouvrage d'Alain Riazuelo m'a donné le vertige. Je n'ignorais certes pas qu'il est impossible de raconter « l'aventure de la Terre » sans raconter l'histoire de l'Univers dans son ensemble, nulle partie n'étant pensable indépendamment du tout qui la contient. Mais je ne m'attendais pas à une telle somme, à une telle érudition, à un tel spectre de découvertes, à une telle complétude ! Dans ce livre, on a l'impression qu'il ne manque rien ! Il entremêle en effet l'histoire de l'Univers proprement dite et celle, plus humaine, des observations, des idées et des concepts qui ont permis de la saisir.

Ce n'est pas en se contentant d'observer le Système solaire, que nous ne pouvons voir que tel qu'il est présentement, que l'on peut comprendre l'histoire de la Terre, ni même démontrer qu'elle en a eu une. Il faut pour cela voir beaucoup plus loin dans l'espace – donc dans le passé, finitude de la vitesse de la lumière oblige – pour en quelque sorte « accrocher » son histoire à celle du monde qui l'a engendrée et accueillie. Au fil des pages, Alain Riazuelo nous raconte donc, fort brillamment, la continuité ontologique qui s'étend sur pas moins de 13,8 milliards d'années : elle commence avec les particules élémentaires de l'univers primordial et se poursuit jusqu'à l'homme contemporain. Il révèle comment, à coups de ruptures et de longues durées, l'évolution historique est parvenue à façonner sur un astre convenablement tempéré comme le nôtre, à partir des noyaux d'atomes fabriqués par les fourneaux de plusieurs générations d'étoiles, les éléments moléculaires complexes d'abord, les organismes vivants ensuite. Il nous explique que là où l'on ne voyait que du permanent ou de l'invariable, les savants ont fini par identifier des productions historiques, mais aussi des disparitions définitives, dont on a pu préciser les époques : la Terre s'est formée il y a près de 4,5 milliards d'années, la vie y est apparue au plus tard il y a 3,5 milliards d'années, et l'apparition de l'Homme ne remonte, quant à elle, qu'à quelques petits millions d'années. En clair, nous autres les humains, nous avons passé notre temps à ne pas être là, sauf à la toute fin de cette longue l'histoire.

La lecture de *L'incroyable aventure de la Terre* m'a inspiré une réflexion à propos du statut de la Terre. D'aucuns pensent que si la situation se dégradait trop ici-bas, nous – je veux dire l'humanité – pourrions toujours aller nous faire voir ailleurs, sur quelque exoplanète accueillante. Est-ce bien raisonnable ?

Il y a d'abord un sacré problème de transport. Les exoplanètes les plus proches étant à plusieurs années-lumière de nous, un voyage vers l'une d'entre elles prendrait la bagatelle de plusieurs millions d'années... Il faudra donc aimer à la folie être confiné, mais aussi se laisser traverser par des rayons cosmiques sans déclencher des cancers à une cadence d'essuie-glace, et surtout concevoir des enfants au bon rythme pour renouveler l'équipage tout en tenant compte du petit nombre de lits disponibles...

Et il y a une autre difficulté, très sérieuse, que j'emprunte à Edmund Husserl. Dans un texte de 1934 intitulé *La Terre ne se meut pas*, le philosophe allemand défendait l'idée que la Terre n'est pas *pour nous* une planète comme une autre : elle est le sol originaire et irremplaçable de notre ancrage corporel, de sorte que, *pour nous*, elle n'est pas en mouvement. C'est au point qu'il serait illusoire d'espérer nous émanciper de sa présence attractive et nourricière.

Bien sûr, nous savons que la Terre tourne, mais cette connaissance ne suffit pas à annuler ni même à relativiser la perception sensible que nous avons de notre planète, et qui nous manquerait si nous allions très loin d'elle, dans le cosmos.

Nous serions en somme des Terriens avant que d'être des humains. Si bien que si nous campions très loin de la Terre au point de ne même plus l'apercevoir, nous perdrions certainement une part de notre équilibre psychique et de ce qui fait notre humanité. Changer de planète, ce serait donc littéralement devenir *autres.* À la différence des lois physiques, l'Homme n'est sans doute pas invariant par translation dans l'espace, si bien que même si on lui découvrait des sœurs quasi-jumelles, la Terre – notre «archi-foyer», pour parler là encore comme Husserl – n'en deviendrait pas pour autant quelconque pour nous.

Et puis n'y a-t-il pas un paradoxe dans l'argumentaire de ceux qui caressent l'espoir que nous pourrions collectivement déménager si la Terre devenait inhospitalière ? Leur credo est que nous sommes si souples existentiellement, si doués pour vivre dans des conditions très différentes de celles que nous connaissons ici-bas, que nous pourrions nous adapter aux situations les plus extrêmes existant possiblement sur une autre planète. Or – et c'est là que gît la contradiction – si nous n'étions déjà plus capables de nous adapter à notre planète dont l'état se serait dégradé, comment garantir que nous pourrions nous adapter aux conditions d'une planète différente de la nôtre ?

Mais le fait qu'il y ait peu de chances que nous migrions tous ensemble vers une autre planète n'enlève rien à l'intérêt des projets spatiaux. On se souvient de cette blague d'avant la chute du mur de Berlin. Brejnev s'adresse aux cosmonautes soviétiques :

« Les Américains sont allés sur la Lune, vous irez jusqu'au Soleil !

– Mais nous brûlerons tout vifs, camarade Brejnev !

– Ne vous inquiétez pas, le Parti a pensé à tout : vous irez là-bas de nuit. »

Mais la question qui nous hante est plutôt celle-ci : lors d'un éventuel voyage très loin de la Terre, pourrions-nous faire des rencontres ? En d'autres termes, sommes-nous ou non seuls dans l'Univers ? Il y a certes une pluralité de mondes, comme l'imaginaient déjà certains Anciens, mais ce que montre l'exploration spatiale la plus récente au sein du Système solaire et l'astrophysique contemporaine au-delà du Système solaire, c'est qu'il y a plutôt une extraordinaire diversité de mondes, une variété exubérante des planètes et des exoplanètes : toutes sont singulières. La Terre, pour ne parler que d'elle, a eu une évolution ponctuée de séquences très particulières advenant dans des contextes eux-mêmes pas banals : à chaque étape, la contingence semble avoir joué un rôle déterminant. S'agissait-il d'un hasard pur ou d'un processus sous-jacent ? Personne ne peut le dire. Reste que même une exoplanète qui, vue de loin, ressemblerait à la Terre – même distance à l'étoile, même taille, même gravité, bref, une « exo-Terre », comme on dit –, pourrait systématiquement apparaître très différente d'elle si on l'examinait de près. En clair, la somme des conditions qui ont orienté l'évolution de la Terre et de la vie qu'elle abrite pourraient n'avoir jamais été réunies ailleurs, sauf à penser que l'Univers est infini...

Bien sûr, il ne s'agit que d'un indice, et non d'un théorème mathématique, mais il est suffisamment fort pour que nous le prenions au sérieux. C'est-à-dire, d'une part, que nous respections la Terre, possiblement unique en son genre. D'autre part, que nous aimions et honorions la vie, présente ici et peut-être *seulement* ici.

INDEX DES SCIENTIFIQUES CITÉS

INDEX DES SCIENTIFIQUES CITÉS

BIBLIOGRAPHIE

ALPHER R. A., BETHE H. et GAMOW G., « *The Origin of Chemical Elements* », *Physical Review*, vol. 73, 1948, p. 803-804.

ANGLADA G. *et al.*, « *Protoplanetary disks, jets, and the birth of the stars* », dans PÉREZ-TORRES M. A., *The Spanish Square Kilometre Array White Book*, Barcelone, Sociedad Española de Astronomía, 2015, p. 169-182.

ANTONIADI E. M., « Phénomènes subjectifs sur Mars », *Astronomische Nachrichten*, vol. 183, 1909, p. 125.

ANTONIADI E. M., « Sur la nature des »canaux« de Mars », *Astronomische Nachrichten*, vol. 183, 1910, p. 221.

AUBRY G. J., *The Works of Joseph Conrad: Life and Letters*, New York, Doubleday, 1928, I, 222, cité dans BUCKLEY J. H., *The Triumph of Time, A Study of the Victorian Concepts of Time, History, Progress, and Decadence*, Cambridge, The Belknap Press of Harvard University Press.

BALDWIN R. B., *The Face of the Moon*, Chicago, Chicago University Press, 1949.

BETHE H. A., « *Energy Production in Stars* », *Physical Review*, vol. 55, 1939, p. 434-456.

BETHE H. A et CRITCHFIELD C. L., « *The Formation of Deuterons by Proton Combination* », *Physical Review*, vol. 54, 1938, p. 248-254.

BRAHIC A., DANIEL J.-Y. et RIAZUELO A., *Sciences de l'Univers : Du Big Bang aux systèmes planétaires*, Louvain-la-Neuve, De Boeck, 2020.

BRASSER R. et MORBIDELLI A., « *Oort cloud and Scattered Disc formation during a late dynamical instability in the Solar System* », *Icarus*, vol. 225, 2013, p. 40-49.

BUFFON G.-L., *Histoire naturelle, générale et particulière*, t. I, Paris, Imprimerie royale, 1744.

BUFFON G.-L., *Histoire naturelle, générale et particulière*, suppl., t. I, Paris, Imprimerie royale, 1774.

BUFFON G.-L., *Histoire naturelle, générale et particulière*, suppl., t. V, Paris, Imprimerie royale, 1778.

BURBIDGE E. M. *et al.*, « *Synthesis of the Elements in Stars* », *Review of Modern Physics*, vol. 29, 1957, p. 547-650.

BURNS J. A., LISSAUER J. J. et MAKALKIN A., « *Victor Sergeyevich Safronov (1917-1999) – In Memoriam* », *Icarus*, vol. 145, 2000, p. 1-3.

CAMERON A. G. W., « *Origin of Anomalous Abundances of the Elements in Giant Stars* », *Astrophysical Journal*, vol. 121, 1955, p. 144-160.

CANUP R. M., « *A Giant Impact Origin of Pluto-Charon* », *Science*, vol. 307, 2005, p. 546-550.

CANUP R. M., « *Lunar-forming impacts : processes and alternatives* », *Philosophical Transactions of the Royal Society A*, vol. 372, 2014.

CASSAN A. *et al.*, « *One or more bound planets per Milky Way star from microlensing observations* », *Nature*, vol. 481, 2012, p. 167-169.

CHANDRASEKHAR S., « *Stellar configurations with degenerate cores* », *The Observatory*, vol. 57, 1934, p. 373-377.

CHEUNG A. C. *et al.*, « *Detection of* NH_3 *Molecules in the Interstellar Medium by Their Microwave Emission* », *Physical Review Letters*, vol. 21, 1968, p. 1701-1705.

CMGLEE et JOHNSON J. (OSU), « *Where Your Elements Came From* », Astronomical picture of the day, 24 octobre 2017 : https://apod.nasa.gov/apod/ap171024.html

COHEN B. A., SWINDLE T. D. et KRING D. A., « *Support for the Lunar Cataclysm Hypothesis from Lunar Meteorite Impact Melt Ages* », *Science*, vol. 290, 2000, p. 1754-1756.

CRIDA A., « *Solar System Formation* », dans RÖSER S., *Reviews in Modern Astronomy: Formation and Evolution of Cosmic Structures*, vol. 21, Weinheim, Wiley-VCH, 2009, p. 215-227.

CRIDA A. *et al.*, « *Are Saturn's rings actually young ?* », *Nature Astronomy*, vol. 3, 2019, p. 967-970.

DANIEL J.-Y. (dir.), *Sciences de la Terre et de l'Univers*, 4e éd., Louvain-la-Neuve, De Boeck, 2023.

DE PATER I. et LISSAUER J. J., *Planetary Sciences*, Cambridge, Cambridge University Press, 2015.

DRAINE B. T., *Physics of the interstellar and intergalactic medium*, Princeton, Princeton University Press, 2011.

EDGEWORTH K. E., « *The origin and evolution of the Solar System* », *Monthly Notices of the Royal Astronomical Society*, vol. 109, 1949, p. 600-609.

ESTÈVE P., *Origine de l'Univers, expliquée par un principe de la matière*, Berlin, 1748.

EVANS J. E. et MAUNDER E. W., « *Experiments as to the actuality of the "Canals" observed on Mars* », *Monthly Notices of the Royal Astronomical Society*, vol. 63, 1903, p. 488-499.

FLAMMARION C., *Astronomie populaire : Description générale du ciel*, Paris, C. Marpon et E. Flammarion, 1880.

FLAMMARION C., *La Planète Mars et ses conditions d'habitabilité*, Paris, Gauthier-Villars, 1892.

GAMOW G., *My World Line: An Unformal Autobiography*, New York, Viking Press, 1970.

GARGAUD M. (dir.), *Encyclopedia of Astrobiology*, New York, Springer, 2011.

GOMES R. *et al.*, « *Origin of the cataclysmic Late Heavy Bombardment period of the terrestrial planets* », *Nature*, vol. 435, 2005, p. 466-469.

GOULD S. J., « *Fall in the House of Ussher* », *Natural History*, vol. 100, 1991, p. 12-21.

GREENBERG R. *et al.*, « *Planetesimals to planets: Numerical simulation of collisional evolution* », *Icarus*, vol. 35, 1978, p. 1-26.

Henkel M., « Sur la solution de Sundman du problème des trois corps », *Philosophia Scientiæ*, vol. 5, 2001, p. 161-184.

Hésiode, *Théogonie*, Paris, Les Belles Lettres, 2019.

Hockey T. (dir.), *Bibliographical Encyclopedia of Astronomers*, New York, Springer, 2014.

Hoyle F., « *The Synthesis of the Elements from Hydrogen* », *Monthly Notices of the Royal Astronomical Society*, vol. 106, 1946, p. 343-383.

Hoyle F., « *On Nuclear Reactions Occuring in Very Hot STARS.I. the Synthesis of Elements from Carbon to Nickel* », *Astrophysical Journal Supplement*, vol. 1, 1954, p. 121-146.

Huxley T. H., *Lay Sermons, Addresses and Reviews*, 1869.

Iess L. *et al.*, « *Measurement and implications of Saturn's gravity field and ring mass* », *Science*, vol. 364, 2019, aat2965.

Jeans J. H., « *The Stability of a Spherical Nebula* », *Philosophical Transactions of the Royal Society A*, vol. 199, 1902, p. 1-53.

Kippenhahn R., Weigert A. et Weiss A., *Stellar structure and evolution*, New York, Springer, 2012.

Kuiper G. P., « *Titan: a Satellite with an Atmosphere* », *Astrophysical Journal*, vol. 100, 1944, p. 378-383.

Kuiper G. P., « *Planetary and satellite atmospheres* », *Reports on Progress in Physics*, vol. 13, 1950, p. 247-275.

Kuiper G. P., « *On the Origin of the Solar System* », *Proceedings of the National Academy of Sciences of the United States of America*, vol. 37, 1951, p. 1-14.

Kvenvolden K. *et al.*, « *Evidence for Extraterrestrial Amino-acids and Hydrocarbons in the Murchison Meteorite* », *Nature*, vol. 228, 1970, p. 923-926.

Lang K. R., *A Companion to Astronomy and Astrophysics: Chronology and Glossary with Data Tables*, New York, Springer, 2006.

Laplace P. S., *Exposition du système du monde*, 2e éd., Paris, Duprat, 1798.

Laplace P. S., *Traité de mécanique céleste*, t. I, Paris, Crapelet, 1799.

LAPLACE P. S., *Théorie analytique des probabilités*, Paris, Courcier, 1812.

LASKAR J., «*A numerical experiment on the chaotic behaviour of the Solar System*», *Nature*, vol. 338, 1989, p. 237-238.

LASKAR J. et GASTINEAU M., «*Existence of collisional trajectories of Mercury, Mars and Venus with the Earth*», *Nature*, vol. 459, 2009, p. 817-819.

« La "quarantaine" des astronautes d'Apollo-11 a pris fin », *Le Monde*, 12 août 1969.

LE GALL A., GUERLET S., VINATIER S. et CHARNOZ S., *Les Mondes de Saturne*, Paris, Belin, 2022.

LEHOUCQ R., *Pourquoi le Soleil brille*, Paris, humenSciences, 2020.

LE QUELLEC J.-L. et SERGENT B., *Dictionnaire critique de mythologie*, Paris, CNRS Éditions, 2017.

LE VERRIER U., *Recherches sur les mouvements de la planète Herschel*, Paris, Bachelier, 1846.

LOONEY L. W., TOBIN J. J. et FIELDS B. D., «*Radioactive Probes of the Supernova-contaminated Solar Nebula: Evidence that the Sun Was Born in a Cluster*», *The Astrophysical Journal*, vol. 652, 2006, p. 1755-1762.

LORENZ E. N., «*Deterministic Nonperiod Flow*», *Journal of the Atmospheric Sciences*, vol. 20, 1963, p. 130-141.

LUCRÈCE, *De la nature*, Paris, Flammarion, 2021.

MADAU P. et DICKINSON M., «*Cosmic Star-Formation History*», *Annual Review of Astronomy and Astrophysics*, vol. 52, 2014, p. 415-486.

MILLER S. L., «*A Production of Amino Acids Under Possible Primitive Earth Conditions*», *Science*, vol. 117, 1953, p. 528-529.

MILLER S. L. et UREY H. C., «*Organic Compound Synthesis on the Primitive Earth*», *Science*, vol. 130, 1959, p. 245-251.

MONTGOMERY R., « Le problème des trois corps rebondit », *Pour la Science*, vol. 508, 2020, p. 26-35.

MORBIDELLI A., «*Accretion Processes*», 18 mars 2018, arXiv:1803.06708 : https://arxiv.org/abs/1803.06708

O'Brien D. P., Morbidelli A. et Levison H. F., « *Terrestrial planet formation with strong dynamical friction* », *Icarus*, vol. 184, 2006, p. 39-58.

Olivier S., « Histoire des martiens dans la littérature française, et plus spécialement dans la période 1850-1965 », mémoire de recherche pour le Master 2 en Lettres et Arts, spécialité Littératures, parcours Écritures et représentations (XIXe-XXIe siècles), université Stendhal-Grenoble 3, 2011 : https://dumas.ccsd.cnrs.fr/dumas-00650804

Oort J. H., « *The structure of the cloud of comets surrounding the Solar System and a hypothesis concerning its origin* », *Bulletin of the Astronomical Institutes of the Netherlands*, vol. 11, 1950, p. 91-110.

Oparini A., *The origin of life on the Earth*, New York, Academic Press, 1957.

Öpik E. J., « *Stellar Models with Variable Composition. II. Sequences of Models with Energy Generation Proportional to the Fifteenth Power of Temperature* », *Proceedings of the Royal Irish Academy. Section A : Mathematical and Physical Sciences*, vol. 54, 1952, p. 49-77.

Ozaki K. et Reinhard C. T., « *The future lifespan of Earth's oxygenated atmosphere* », *Nature Geoscience*, vol. 14, 2021, p. 138-142.

Poincaré H., « Sur le problème des trois corps et les équations de la dynamique », *Acta Mathematica*, vol. 13, 1890, p. 1-271.

Reipurth B., Heathcote S. et Vrba F., « *Star formation in Bok globules and low-mass clouds. IV. Herbig-Haro objects in B335* », *Astronomy & Astrophysics*, vol. 256, 1992, p. 225-230.

Reylé C. *et al.*, « *The 10 parsec sample in the Gaia era* », *Astronomy & Astrophysics*, vol. 650, 2021, A201.

Safronov V. S., *Evolution of the protoplanetary cloud and formation of the Earth and the planets*, Jérusalem, Keter Press, 1972.

Sagan C. et Mullen G., « *Earth and Mars: Evolution of Atmospheres and Surface Temperatures* », *Science*, vol. 177, 1972, p. 52-56.

SAGAN C. et KHARE B. N., « *Tholins: organic chemistry of interstellar grains and gas* », *Nature*, vol. 277, 1979, p. 102-107.

SALPETER E. E., « *Nuclear Reactions in Stars Without Hydrogen* », *Astrophysical Journal*, vol. 115, 1952, p. 326-328.

SALPETER E. E., « *The Luminosity Function and Stellar Evolution* », *Astrophysical Journal*, vol. 121, 1955, p. 161-167.

SCHRÖDER K.-P. et SMITH R. C., « *Distant future of the Sun and Earth revisited* », *Monthly Notices of the Royal Astronomical Society*, vol. 386, 2008, p. 155-163.

Seti Institute, « *Drake equation* », juillet 2021 : https://www.seti.org/drake-equation-index.

SPITZER L., « *The Dissipation of Planetary Filaments* », *Astrophysical Journal*, vol. 90, 1939, p. 675-688.

TERA F., PAPANASTASSIOU D. A. et WASSERBURG G. J., « *Isotopic evidence for a terminal lunar cataclysm* », *Earth and Planetary Science Letters*, vol. 22, 1974, p. 1-21.

TERMIER P., *À la gloire de la Terre : Souvenirs d'un géologue*, Paris, Nouvelle Imprimerie nationale, 1922.

THOMSON W., « *On the Secular Cooling of the Earth* », *The London, Edinburgh, and Dublin Philosophical Magazine and Journal of Science*, vol. 25, 1863, p. 1-14.

THOMSON W., « *The Age of the Earth* », *Nature*, vol. 51, 1895, p. 438-440.

VOISIN S. et KREMER G., « Quand la planète Mars avait des canaux », Le Blog de Gallica, 9 novembre 2016.

YVARD J.-M., « Géologie, théologie et inquiétudes eschatologiques : William Thomson (Lord Kelvin) et les débats suscités par la thermodynamique à l'époque victorienne », *Cahiers victoriens et édouardiens*, vol. 71, 2010, p. 237-252.

REMERCIEMENTS

Olivia Recasens, Joanna Blin, Quentin Boesch, André Brahic, Jean-Yves Daniel et Alain Luguet.

TABLE DES MATIÈRES

Alain Riazuelo

Pourquoi E=mc²

Collection « Comment a-t-on su ? »

L'équation que (presque) personne ne comprend

Nous l'avons vue écrite, nous connaissons le scientifique qui l'a trouvée – Albert Einstein – et nous savons tous que cette équation symbolise son génie. Elle nous serait presque familière si elle n'était pas aussi mystérieuse. Car au fond, savons-nous réellement d'où vient cette $E = mc^2$ et ce qu'elle signifie ?

Cela vaut la peine de s'y intéresser tant cette iconique formule a révolutionné notre compréhension du monde : grâce à elle, on a expliqué la source d'énergie des étoiles, élucidé la nature des trous noirs et déterminé l'histoire de l'Univers.

Dans ce livre, il est beaucoup question de celui qui a découvert la fameuse équation, mais aussi de tous ceux qui ont contribué à cette épopée scientifique. Une quête passionnante, jalonnée de moments d'espoir, de doute et d'éclairs de génie.

Une des plus grandes aventures de la pensée humaine !

Alain Riazuelo est chargé de recherche CNRS à l'Institut d'astrophysique de Paris, il consacre ses recherches à l'histoire de l'Univers primordial et aux trous noirs.

Alain Riazuelo

Pourquoi la Terre est ronde

Collection « Comment a-t-on su ? »

Depuis quand et comment sait-on que la Terre n'est pas plate ?

Depuis 1968 et les premiers clichés de clair de Terre vu de la Lune pris par l'équipage d'Apollo 8, il est évident pour (presque) tout le monde que notre planète est une boule bleue et blanche, et non pas un disque ou quoi que ce soit d'autre.

Mais, bien avant eux, des Anciens avaient réussi à déterminer avec certitude que la Terre est ronde sans quitter sa surface. Par quels stratagèmes parvinrent-ils à savoir sans pouvoir voir ?

Une aventure scientifique de plus de 2000 ans avec ses hauts faits, ses coups du sort et ses erreurs…

Alain Riazuelo est chargé de recherche CNRS à l'Institut d'astrophysique de Paris, il consacre ses recherches à l'histoire de l'Univers primordial et aux trous noirs.

Marc Lachièze-Rey
L'âge de l'Univers
Collection « Comment a-t-on su ? »

Une des questions les plus vertigineuses de l'astrophysique !

Quel est l'âge de l'Univers ? Nous croyons tous connaître la réponse : 13,7 milliards d'années. Mais s'arrêter là serait se priver de l'essentiel. Ce chiffre est le fruit d'une quête passionnante où l'on retrouve Einstein, Hubble, Lemaître…, les subtilités de la physique relativiste et de la cosmologie moderne.

Définir une notion d'âge pour un système aussi complexe n'a rien d'évident. Prenez le corps humain, son âge biologique n'est pas celui des atomes qui le constituent, dont la plupart ont été fabriqués par des réactions nucléaires au cœur d'étoiles anciennes il y a des milliards d'années ! Pour l'Univers, c'est encore pire. Physiciens et cosmologues ont contourné le problème en fabriquant la notion de temps cosmique. Mais ce n'est pas une grandeur que peuvent indiquer des horloges et reconstituer sa valeur repose sur des hypothèses théoriques.

C'est pourquoi la question est encore aujourd'hui débattue.

Enfin vous découvrirez comment on peut aborder l'âge de l'Univers en se passant de la notion de temps, devenue périmée avec la physique moderne.

Alors attachez votre ceinture cosmique…

Marc Lachièze-Rey est astrophysicien et physicien théoricien, directeur de recherche émérite au CNRS. Ses travaux portent essentiellement sur les questions de cosmologie, de gravitation et d'espace-temps, auxquelles il a consacré de nombreux ouvrages de vulgarisation.

Roland Lehoucq
Pourquoi le Soleil brille
Collection « Comment a-t-on su »

Comment fait le Soleil pour briller aussi fort et depuis si longtemps ?

De nombreuses hypothèses furent avancées pour comprendre la nature et l'origine de la prodigieuse luminosité de notre étoile. Ici, on imagina que le Soleil était une boule de feu, là qu'il était bombardé de matière interplanétaire, ailleurs qu'il tirait son énergie de sa propre masse ! Et quand une explication semblait satisfaisante, comment la vérifier, par quelles habiles observations s'assurer de sa pertinence ? Ce livre raconte les grandes étapes de cette quête, et les scientifiques qui ont trouvé la cause et expliqué l'ancienneté de ce formidable éclat.

Il fallait tout le talent de l'astrophysicien Roland Lehoucq pour mettre en scène cette épopée de la connaissance qui commence au VIe siècle avant notre ère avec les Grecs Anciens, et s'achève aux dernières années du XXe siècle.

Comme les autres récits de cette collection, *Pourquoi le Soleil brille* illustre la puissance de l'intellect humain, excité par un beau problème. Éclairant à tout point de vue !

Roland Lehoucq est astrophysicien au Commissariat à l'énergie atomique et aux énergies alternatives, il a particulièrement œuvré en astrophysique des hautes énergies et en cosmologie. Il enseigne à Sciences Po et à l'université Paris-Diderot.

Cet ouvrage a été mis en pages par IGS-CP (16)

Achevé d'imprimer en France
par SEPEC Numérique à Péronnas (01-Ain) en février 2023.

N° d'impression : N17932230140

PEFC 10-31-3532